Scrum 實踐者
應該知道的 97 件事
來自專家的集體智慧

97 Things Every Scrum
Practitioner Should Know
Collective Wisdom from the Experts

Gunther Verheyen 編著

Niz Kuo 譯

U0077806

O'REILLY®

目錄

第二部分：產品創造價值

第三部分：協作是關鍵

第五部分：事件與會議不同

第六部分：精熟度至關重要

第七部分：人類都太人性化了

第八部分：價值驅動行為

第十部分：Scrum 的延伸

前言

我很高興能有這個機會，為你帶來這 97 篇關於 Scrum 的文章。這不是一本學習 Scrum 的書；相反地，這本書對 Scrum 框架的規則、角色及其目的提出了一些見解。此外，這本書也提供與 Scrum 搭配運用的戰術、策略和模式，以及一些實戰故事和超越 Scrum 的觀點。

儘管 Scrum（於 1995 年問世）逐漸成為最常被用來定義敏捷方法（於 2001 年問世）的框架，但對於我們 Scrum 實踐者而言，仍然存在許多重大挑戰。我們不僅在持續釐清許多對於 Scrum 的誤解，也一直在尋找最佳的方式和管道，以提供資訊給 Scrum 新手及想更了解 Scrum 框架的人。

由於 Scrum 的廣泛採用，全世界已有數百萬的實踐者，可以提供豐富的知識和現實生活中的專業經驗。於此同時，有不計其數的 Scrum 新成員和組織正在尋求見解、建議和故事；也有實踐者渴望獲得更深的洞見。透過這本書，我們希望能將經驗豐富的實踐者與知識尋求者連結在一起。

Scrum 的單純是眾所皆知的，但它並不容易。Scrum 是一個旨在解決錯綜複雜挑戰的單純框架，而錯綜複雜的產品開發是此類挑戰的重要子議題。Scrum 給各種實踐和策略應用留了很大的空間，並且可以涵納許多此類實踐和策略。要描述 Scrum 可以採取的多樣形式，還有什麼比從頂尖 Scrum 實踐者那裡，收集和編寫可用故事更合適的呢？

在這本書裡，你將了解經驗豐富的實踐者如何應對問題和挑戰，以及他們認為你該知道的關鍵要點。

站在他們的肩膀上，以他們的見解為基礎來提升你對 Scrum 的了解。透過應用和調整這些實踐者的方法來自我啟發，找到屬於自己的 Scrum。

這 97 篇論文所展現的集體智慧，代表著各式各樣的想法。你可能不喜歡每篇文章，也可能不會同意所有觀點；你可能會看到矛盾、反常觀點和一些模糊形式。歡迎來到 Scrum 幫助我們應對的錯綜複雜世界：一個難以界定黑白的世界。希望你能在這裡找到許多價值，以更好地應對特定情況的錯綜複雜性。

本書的編排方式

除了追著人們跑、收集和閱讀文章，以及為作者提供編輯建議外，我還喜歡尋找共同點並分享延伸主題。在完成對文章進行排序的工作後，我最終將這 97 件事歸納為 10 個主題。儘管在書中創造閱讀流程是一種方式，但幸運的是，每一篇文章都不侷限於一個主題，並且可以獨立閱讀：

第一部分：開始、採用、重複

在第一部中，你會學習到在採用 Scrum 的過程中，值得考慮和反思的 11 個重要小細節。因為採用 Scrum 不僅僅是引入 Scrum 的一次性嘗試，也是思考、重新思考和發現的持續練習。

第二部分：產品創造價值

在第二部中，你將學到的 11 件事，強調了 Scrum 在產品和服務上的重點，以及值大於量的原因。因為在需求不穩定和技術不斷發展的錯綜複雜世界中，「產品」提供了最小形式的穩定性，使你得以運用 Scrum 來組織工作。

第三部分：協作是關鍵

在第三部中，你將學到的 10 件事，解釋了為何 Scrum 的關鍵在於團隊協作，且溝通和互動在其中至關重要。因為在錯綜複雜又多變的環境中創造、維持和發展錯綜複雜的產品和服務，需要集體智慧、技能和專業知識。

第四部分：開發是多面向的工作

在第四部中，你將學到的 12 件事，舉例說明了 Scrum 中的「開發」如何包含所有工作，以在衝刺結束之前創造出有形、可展示的工作成果。因為錯綜複雜產品的開發（在通常錯綜複雜的情況下），需要的不只是技術生產工作（例如只寫程式）。

第五部分：事件與會議不同

在第五部中，你將學到 10 件事，以幫助你掌握 Scrum 事件的協作目的和性質，並了解它們的前瞻性是如何與過去、報告或狀態更新有所不同。因為俗稱的 *Scrum* 會議，實際上是為檢視和調適提供特定機會的事件。

第六部分：精熟度至關重要

在第六部中，你將學到的 12 件事，說明了精通 Scrum 須掌握的關鍵，以及必須尋找和注意的事項。儘管 *Scrum Master* 作為流程管理者相當重要，但精熟度對任何角色都是個關鍵。

第七部分：人類都太人性化了

在第七部中，你將學到的 8 件事，側重在 Scrum 中人類工作的一面，甚至會涉及到人類學和神經科學。人不是資源（機器人、齒輪或可替換的機械零件）。開發是由人來完成的，因此往往會創造出人類的工作。而人類畢竟是……人。

第八部分：價值驅動行為

在第八部中，你將學到的 6 件事都根基於一種理解：Scrum 所牽涉的遠不止於規則。根據設計，Scrum 是一個不完整的框架，而該框架邀請人們參與、互動和協作。因為 *Scrum* 是規則、原則和價值的框架，而價值會驅動行為。

第九部分：組織化設計

在第九部中，你將學到的 9 件事，包括觀點、實際案例，以及 Scrum 對組織結構影響力的教訓。儘管這不一定與規模相關，但是在大型組織中，組織的影響更為明顯。因為若要引入 *Scrum*，將無可避免地影響到組織和現有的組織結構。

第十部分：*Scrum* 的延伸

在第十部中，你將學到的 8 件事，包含 Scrum 本身、其用法，以及在 Scrum 相關和無關領域中的潛在使用方式；其中還包括一些可以追溯到 Scrum 誕生前的草根故事。因為 *Scrum* 實踐者若要幫助塑造 Scrum 的未來，需要將想像力與歷史脈絡相結合。

在本書的最後有一個 Scrum 詞彙表，它以最單純的方式條列並解釋了本書中所使用的術語。

在整本書中，你會看到許多從《Scrum 指南》（Scrum Guide，*https://www.scrumguides.org*）摘錄的內容，其均取自 2017 年 11 月版。

特別感謝

我很幸運能擁有一個很棒的家庭，啟發並鼓勵我去做我想做的事，無論我最終會成就什麼。謝謝我的妻子和我們的三個孩子；因為有他們，我才會有今天的成就。

我很感謝 Martine Devos 幫助我與一些傑出的貢獻者取得聯繫；此外，我更感激她默默的信任和鼓勵，這對我來說意義重大。因為 Martine 一直是 Scrum 界的先驅者，且持續努力不懈地推廣 Scrum。

在使用 Scrum 的那些年裡，我與許多人和組織一起工作。人們在這過程中來來去去；在這些人之中，我要特別感謝傑出的 Hans Lindhout。他讓我體驗到了真正的合作互惠，並使我的工作動機得以超越商業目的。希望這個世界能有更多像這樣的人。

本書有超過 68 位實踐者花費了許多心血，撰寫一篇或多篇與 Scrum 相關的文章。我們並不是因為他們的頭銜、階級或職位才邀請他們的，之所以邀請他們，是因為他們有寶貴的洞見，可以與像你這樣的實踐者分享。我衷心感謝他們每一個人。

感謝購買本書並閱讀到這裡的你。如果你能運用 Scrum，並分享和散播你如何利用 Scrum 來克服特定挑戰，我會更加感激。請持續啟發其他的 Scrum 實踐者。

多虧有 O'Reilly Media 的強大團隊，這本書才得以存在；非常感謝所有相關人員。我尤其要感謝 Chris Guzikowski 和 Ryan Shaw 發起這項辛苦的計畫，並感謝 Corbin Collins 在過程中堅持了下來。

祝你閱讀愉快，還有⋯⋯請持續使用 Scrum。

—Gunther Verheyen，獨立 Scrum 看守者
寫於比利時安特衛普

第一部分

開始、採用、重複

沒人告訴你的 Scrum 五件事

Marc Loeffler

如果你正在考慮使用 Scrum 來改變你的工作樣貌，以下是一些沒人告訴過你關於 Scrum 的事。

1. Scrum 無法解決你的問題

有些人希望 Scrum 能夠神奇地解決問題，就好像它是什麼靈丹妙藥一樣。但是像 Scrum 這樣的敏捷流程，其實更像是無時無刻在背後觀察你的婆婆——她指出了你所有的問題和錯誤，將它們全部攤在陽光底下。最後你還是必須靠自己來解決它們，並完成艱苦的工作。

2. 如果你只是遵循流程，Scrum 並不會給你帶來什麼好處

我見過完全按表操課的 Scrum 團隊。他們每天舉行立會、衝刺規劃會議、衝刺審查、回顧，甚至包括產品待辦清單精煉會議。但他們從 Scrum 那裡獲得的好處卻微不足道；因為他們沒有認知到，敏捷的重點是在思維而非作為。要實踐敏捷，就需要改變思維，以適應過程中的變化。只有擁抱敏捷宣言和 Scrum 價值觀背後的 12 條原則，才能將 Scrum 的潛力完整發揮出來。

3. 沒有「Scrum 開關」這種東西

將所有員工送去接受為期兩天的 Scrum 認證培訓，並不足以成就一個 Scrum 公司。並沒有這種「Scrum 開關」，能夠讓你的公司在一夕之間切換到敏捷模式。Scrum 的流程說明看起來很容易，但事實卻恰恰相反——採用 Scrum 很難。有很多東西要學，包括：最大化未完成的工作、減少現有會議、在每個衝刺結束時交付產品的生產就緒版本、解決棘手的組織問

題等等。是的，你可以「切換」到 Scrum 模式，但這將是一個循序漸進的過程。你可能需要花費數個月到甚至數年，並且永遠不會有結束的一天。

4. 轉型為 Scrum 也意味著組織轉型

大多數的敏捷轉型計畫都始於產品開發，但不應只停留在那裡。如果組織中的其他成員對於該計畫毫不在意，那就像在沙漠中種一朵花——它會慢慢死去。引入 Scrum 一定會帶來整體或部分的組織轉型。如果你還沒有準備好面對這一點，那就代表你還沒有準備好使用 Scrum。

5. Scrum 不會比較快

即使「衝刺」一詞暗示著 Scrum 很快，但先不要抱太高的期待，至少在最初先保守點。如果要在每次迭代結束時發佈生產就緒版本，你將無法在相同的時間內交付更多功能。Scrum 確實能幫助你縮短產品上市時間，但是透過以下不同的方式：

- Scrum 會逐漸增加未完成的工作。關注客戶真正的需求，而不是打造沒人知道如何使用、許多功能也不被需要的混亂產品。當然，這將造就更少（且更清晰）的產品待辦清單和更快的交付，從而最終縮短產品上市時間。

- Scrum 需要從一開始就重視品質。這將為你爭取空間，讓你能專注於打造創新功能，而不是浪費時間和精力在漫長的臭蟲修復上。同時，你需要維護的時間也將大幅減少。

思維遠比實踐重要

Gil Broza

你的每日 Scrum 像是狀態更新會議？

管理者與利害關係人把產品待辦清單視為專案計畫的一部分？

你的 Scrum Master 把大部分重點放在管理任務，並確保流程合乎規範？

如果你對這些問題的回答是肯定的，那麼讓我來猜猜你 Scrum 的其他症狀。團隊回顧不會帶來很大的改善；成員之間的協作很少；對「完成」的定義也沒有明確的共識。如果你身處的是軟體開發團隊，則你們的自動化測試覆蓋率很低。你們只是在表面上（且很少）重構程式碼，而生產部署的過程總是很謹慎，且需要大量的計畫。你們雖然似乎都有遵循 Scrum 的流程，但卻可能感受不到太多敏捷帶來的優點。怎麼會這樣？

要了解狀況，我們需要先知道 Scrum 團隊為何遵循特定的流程、會議、角色和產出物。首先，讓我們來看看當戰略被有效運用時，背後所遵循的原則。

想一想每日 Scrum。從敏捷的角度來看，這是最有效的方法，使團隊成員可以相互協作和自我組織以完成重要的工作。他們保持透明，充分且真誠地參與專案，並且在心理上是感覺安全的。

產品待辦清單是一種潛在重要工作的有序主列表。當正確使用時，這個單純的產出物能幫助團隊將工作專注在有意義的成果上。他們可以輕易確定自己的做法是否有效，並能將許多與工作項目相關的決策（例如細節、拆分和驗收測試）推遲到最後須兌現的時刻。

Scrum Master 是一個僕人式領導（*servant-leader*），目標在幫助團隊成長為一個堅實的敏捷團隊。這個角色會透過創造安全、信任和尊重的環境，並促進溝通、協作和透明性，來達成此目標。

Scrum 實現了上述原則（還有一些其他的），因為它們支持四個敏捷價值：調適性、頻繁的價值傳遞、客戶協作，以及以人為本。當人們相信自己實現目標的方式時，他們就會接受這些價值（「為他們優化」，或者讓他們自行引導所作所為）。 價值、原則及信念是思維的三個要素。

組織在採用 Scrum 時，通常已存在一些既定思維。儘管每個組織的起點不同，但它們的思維卻有一些相似之處，我們可以將其稱呼為「傳統」。它們的價值通常包括：第一次就實現可交付成果、儘早承諾、按時按預算交付，以及遵循標準。它們依照以下原則來對這些價值採取行動：計畫工作並實現計畫、限制變更以及要求簽核。他們由少數人決定工作，讓「資源」（人）相互交接工作，並最大化他們的使用率。在 Scrum 之前，他們透過諸如專案計畫、完成度、頻繁召開狀態會議，和凍結程式碼之類的戰術來實現這些原則。當這樣的組織用 Scrum 策略替換其現有策略，而又不改變其思維方式時，會發生什麼事？

計畫工作、限制變更以及最大化使用率，使每日 Scrum 變成了一個用來確保每個人工作量的狀態會議；由少數人決定工作，使每日 Scrum 變成了一連串與 Scrum Master 的一對一交流。另外，由於安全性和透明性並不會在每日立會時神奇地提升，所以人們會忙於長篇大論地回答「我從昨天到現在完成了什麼？」而不願回答「我遇到什麼困難？」也不願說「我被困住了，需要幫助。」

同樣地，組織的思維將改變其對任何 Scrum 實踐、角色、會議和產出物的使用方式。思維離 Scrum 背後的敏捷價值愈遠，Scrum 戰術就愈被削弱，團隊成員容易感到困惑和迷惑，實際敏捷性也會降低。要實現真正的敏捷，請改變思維，這遠比實踐重要。

事實上，
Scrum 本身不是重點

Stacia Viscardi

Scrum 是一個看起來很單純的方法；它告訴我們如何跑衝刺流程、繪製燃盡圖，以及定義「完成」等。但你或許也曾在某個地方看到有人這麼評論 Scrum：「Scrum 表面上很容易，但實作起來很難。」這是因為從表面上看，Scrum 的構造很單純，就像排列整齊的磚塊。但稍微深入一點，你會看到管理錯綜複雜且混亂情況的盤根錯節、人與動機的基石，以及殘留的精實精神地基；它們就像在現代街道下奔流的古老溝渠。Scrum 最終是一個讓我們得以檢視現實的陽台，而無論那個現實是什麼；人們接著可以根據該現實的新改善版本，作出更高品質的決策。

不久前，我在推特上說：「Scrum 是一種系統整合測試，目的在確認組織是否能在衝刺中實現價值。該測試會揭露系統的錯誤或障礙，然後我們必須進行修復。」這些「臭蟲」（路上的顛簸、障礙）是阻礙組織交付真正重要內容（使用者、客戶，和 / 或市場滿意的功能）之關鍵。

如果你在一夕之間開始實踐 Scrum，去揭露現實，去經歷這項巨大的考驗，會遇到一些反彈也是正常的。就像瀑布式專案一樣，在可怕的「程式碼凍結」里程碑之後，開發人員也不願將程式碼交給測試人員。團隊和組織抗拒去面對，當他們將揭露出來的現實交給這個名為衝刺的透明性測試後會發現什麼。

Scrum 對組織決策結構的影響也使實踐 Scrum 變得困難。現在，產品負責人負責產品內容與目的，開發團隊負責交付方式與速度，而 Scrum Master 是促進者和「障礙揭露者」。透過建立這些角色和單純的機制，我們得以將錯綜複雜的專案拆解成多個衝刺並逐一克服。我們也得以「使軟體開發再次成為一種專業」；從中人們可以得到信任和尊重、探索解決

方案，並最終為他們的工作感到自豪。Scrum 是一個以人為本的框架，這是其固有的五大價值之一。此價值對於思想傳統的管理者來說通常較難掌握，因為他們錯誤地將方法論視為一種「解放之法」。

這就是為什麼我會說 Scrum 本身不是重點；重點在於使用框架來發現從前未知的事物。因此，現在就開始面對揭露出來的事物並從中調適吧！利用優先排序、時限和角色等界限，來幫助團隊和組織了解所發現的事物。人們對失敗和未知的恐懼，有時會阻礙他們做正確的事；因此一個組織通常不會輕易接受失敗。但我希望隨著時間的推移，透過使用 Scrum 或任何經驗主義方法，他們會將面對失敗視為探索之旅的重要過程，並不斷從中學習改進。

Scrum 很單純，
直接用就對了！

Ken Schwaber

Scrum 是一種思維、一種將錯綜複雜又混亂的問題轉變為可處理狀態的方法。我和 Jeff Sutherland 認為 Scrum 根基於以下支柱：

1. 自我組織的小型團隊

2. 精實原則

3. 經驗主義——透過頻繁的檢視和調適來指導團隊工作，以儘可能地取得最大成功結果

《Scrum 指南》是一門知識體系，明確定義出什麼是 Scrum（以及在預設情況下什麼不是）。《Scrum 指南》不會告訴你如何使用 Scrum、如何實行 Scrum，或如何使用 Scrum 來打造產品。

人們透過參加課程和會議、閱讀書籍和部落格等方式，來了解 Scrum 的含義以及如何使用它。但人們主要是運用對 Scrum 的理解，嘗試根據願景、概念和期望來創造出有用的東西。隨著他們的努力，Scrum 開始變得有意義；Scrum 幫助他們管理成果。但當人們嘗試使用 Scrum 時，他們了解到 Scrum 的困難在於擁有共識；這些共識包括期望、可行計畫，以及哪些具備的技能可使團隊創造、合作並達到最佳狀態。

在 2009 年，我意識到我們已經打破了瀑布式模型。人們（大體上）理解我們的「敏捷、輕量」方法可行，並且適用於世界上新興的錯綜複雜性。但是就像在玩電話捉迷藏^{譯註}一樣，人們對 Scrum 有很多不同的解釋。有

---

^{譯註} 電話捉迷藏（telephone-tag game），意指雙方打電話給彼此，對方卻總是剛好不在，因此只能不斷留言請對方回電的狀態。
在此用於形容大眾對於 Scrum 的解釋眾說紛紜而沒有共識。

時，這是由於溝通不順暢、指導不適當或其他商業原因所致。那些認為 Scrum 會告訴他們如何打造產品來滿足其需求的人，會覺得 Scrum 太弱了；因為它沒有明確說明該如何做到。

沒錯。正如我經常說的：Scrum 很簡單，但使用 Scrum 來解決問題非常困難。

因此，當我在 2009 年創建 Scrum.org 時，我撰寫了 Scrum 的定義。內容雖然簡短，但保留了我和 Jeff 的重要想法和知識。我確保定義中保留了 Scrum 作為框架的角色，並避免任何包含意見、依賴情境的實踐，以及將其限制為僅適用於某些應用的內容。Scrum 是一個框架，而不是方法。

這是第一份《Scrum 指南》，是具權威性的知識體系。指南中未包含、或與指南相反的任何內容均不是 Scrum。Jeff Sutherland 後來和我一起修訂和維護這份指南。

《Scrum 指南》是根據我和 Jeff，以及其他所有嘗試使用 Scrum 者的工作經驗撰寫而成的。從那時起，我們就對其進行了許多修訂。《Scrum 指南》除了提供對 Scrum 是什麼的石蕊測試之外，沒有任何商業目的。我和 Jeff 深深感激幫助我們翻譯以及維護指南的人們。

請記得：Scrum 很單純。不要再煩惱該如何精進 Scrum 來使其更完美，因為永遠不會有那一天。無論如何，世界上有太多錯綜複雜又混亂的情況，是你能發揮技能幫助其他人解決的。我們不必浪費時間自我設限。

在你的 Scrum 中，從問為什麼開始

Peter Goetz
& Uwe Schirmer

「這樣做符合 Scrum 準則嗎？」是我們經常被問到的一個問題。在這個問題之前，詢問者通常會先具體地描述團隊的實踐方式；他們想知道自己是否有正確地運用 Scrum（是否有遵循《Scrum 指南》）。

儘管這個問題很合理，但我們會先試圖理解為什麼詢問者想問這個問題。團隊和組織經常專注於 Scrum 的機制，而忘記了其真實目的——通常是為客戶、利害關係人和自己創造並增加價值。

不要誤會我們的意思：《Scrum 指南》對我們很重要。它描述了解決錯綜複雜調適問題的核心要素，以及它們如何共同發揮作用。我們很看重這份指南，因為它可以幫助我們專注於協作和創意性地解決問題，而不僅僅是閱讀和應用《Scrum 指南》。

Scrum 存在的其中一個原因在於：「在每個衝刺結束時，交付潛在可發佈的『完成』產品增量」（*https://www.scrumguides.org*）。Scrum 中的所有要素都支持這一點。角色將工作人員劃分並使其共同當責（accountability）；產出物建立了迭代和逐步交付可發佈增量所需的最小透明性。而根據從產出物中收集到的訊息，事件提供了檢視和調適的機會，並建立出一種定期獲取各方利害關係人回饋的節奏；這種節奏改善了Scrum 團隊的工作流程。Scrum 價值觀描述了一種共同思維，這在持續審查和改善合作方式時非常有幫助。

你可以機械式地遵循《Scrum 指南》中所述的規則，任命產品負責人、Scrum Master 和開發團隊；遵循衝刺流程並邀請團隊（有時包含利害關係人）參加事件；設定產品待辦清單和衝刺待辦清單管理工具，並請 Scrum 團隊開始使用。但如果使用 Scrum 背後的原因沒有被理解和接受，那麼

真正的改善就不會發生。Scrum 團隊甚至可能會對這些新規則感到惱火，因為他們看不到規則背後的意義。最壞的情況是，相較於舊的工作方式，這些新規則所產生的壓力反而使他們精疲力盡。

因此，我們建議採用另一種方法。我們鼓勵組織先談論他們面臨的挑戰，以及他們目前解決這些挑戰的策略為何沒有幫助，或有哪些需要改進的地方。我們接著可以思考克服這些限制的方法，並探索 Scrum 可能提供什麼幫助。只有這樣，引入 Scrum 才會有意義。

在運行 Scrum 的旅程中，有兩個問題應該作為方向的指引：

1. 我們能否在每段衝刺結束時，提供有價值且可發佈的產品增量？

2. 我們如何改善我們的合作方式？

這些問題讓我們不再只將焦點放在 Scrum 機制上；我們學習如何將 Scrum 用於更明確的目標和問題上。我們將持續改善我們的技能和工具，以逐步實現這些目標。這將增加我們的動力，並帶來更多快樂和更人性化的工作環境。

最後很可能地，我們的工作方式仍將遵循《Scrum 指南》。但我們這麼做不是因為《Scrum 指南》上這麼寫，而是因為這麼做合乎道理。

調適前先採用

Steve Berczuk

Scrum 是一個相當小的流程框架，能夠最好地調適團隊工作。採用 Scrum 的團隊有時會嘗試將調適性的概念延伸來「調適」Scrum 流程，使其僅成為現有（通常是傳統）流程之上的裝飾表層。團隊須將 Scrum 流程的原則和價值觀內化，才能發揮調適性的最大效果；而要理解不同的工作方式則需要實踐和經驗。

在採用 Scrum 期間不成熟調適的一個常見例子，是團隊會看著 Scrum 事件並決定不照單全收。他們將衝刺規劃會議縮短或只邀請部分團隊參與，導致衝刺待辦清單的工作量超過了團隊過往經驗中所能處理的。每日 Scrum 變成狀態會議；或者更糟的是，其他狀態會議仍保留在行程表中。衝刺審查和回顧會議被草率舉行，甚至跳過。簡而言之，你的事件可能只是虛有其表，其中並不含任何 Scrum 價值觀。這是一個很糟的做法，因為它最好的結果是團隊無法從 Scrum 中獲得任何價值，而最壞的結果是這種偽裝或混合的方法反而會增加不必要的成本，導致效能下降。

發生這種情況的原因因組織而異，但是有兩個因素幾乎總是扮演要角。首先，任何改變都是困難的、是需要努力和學習的，但人們往往在壓力大時容易回到熟悉的舊模式。另外，Scrum 學起來很容易，但要掌握很難；Scrum 的奧妙之處不僅僅是舉行一些 Scrum 事件而已。團隊中的每個人都必須接受訓練，以確保他們能盡其所能地幫助流程順利進行。

在調適 Scrum 之前，請先採用 Scrum 的實踐方法；這些方法將幫助你理解並內化新的工作方式。抵抗改變 Scrum 規則的誘惑，直到團隊對這些方法如何增加價值與支持 Scrum 原則有所了解。請「照本宣科」地遵循 Scrum 流程至少三到五個星期（你可以參考《Scrum 指南》，或其他任何優秀的 Scrum 書籍），並確保留下時間進行衝刺回顧。在回顧中探索流程如何影響協作和交付，這使得人們在看到透過 Scrum 框架實現的行為後，有一個「啊哈」的頓悟機會。

當你真的相信自己已了解 Scrum 價值觀，你就準備好調適 Scrum 了。由於 Scrum 與大多數組織習慣的工作方式不同，因此大多數團隊需要實踐方法以了解其價值。儘管對於成功採用而言不是必需的，但擁有一個良好的基準來調適會是最好的。

定期回歸到可能有用的最單純方法

Todd Miller

簡化將產生更豐富的結果。
— *Yvon Chouinard* [1]

許多年前，我辭掉一份 Scrum Master 的工作，成為另一家公司的 Scrum Master。我當時要離開的 Scrum 團隊非常傑出；他們合作順暢，逐步導入 Scrum 有成，實踐也頗具成效，並且正在開發出色的產品。但是我已經準備好迎接新的挑戰。

我成為新 Scrum 團隊的一員，他們正準備開發新產品。在加入團隊的最初幾天，我們花了很多時間討論 Scrum。我們在討論的過程中建立共識、使用相同的語言，同時逐漸了解彼此。每個人都熱切地參與並分享他們對於利用 Scrum 來開發新錯綜複雜產品的期待。

同時，我們的產品待辦清單準備充分，足以使我們放心開始第一個衝刺。在第一個衝刺之前，我們舉辦了為期一天的團隊啟動日。我精心策劃了當天的議程，包括分享和推廣我堅信有用的實踐方法。我想將我從以前 Scrum 團隊中獲得的洞見和經驗傳承給這個團隊；我竭盡全力地打造並催化一整天的緊密協作。

最初幾個議程進行得很順利。Scrum 團隊討論了當前的產品待辦清單，以確保對前幾個衝刺的工作排序有充分的了解，並針對「完成」的定義有了精采的結論。但是，當我介紹下一個主題「建立團隊工作協議」時，事情

---

1 Yvon Chouinard, *Let My People Go Surfing: The Education of a Reluctant Businessman* (New York:Penguin Books, 2016).

開始發生奇怪的變化。團隊成員開始質疑這個做法的必要性，畢竟我們合作的第一週進展順利。當我感覺到房間中的緊張情緒迅速提升時，我放棄了這個主題，繼續進行下一個議程項目。但很意外地，我還是感受到相似的抗拒；更糟糕的是，隨著我嘗試推進每個主題，這股抗拒都在不斷提升。

然後，突然有人問了一個出乎我意料的問題：「你為什麼要把事情變得如此複雜？」我唯一的回答是：「這些實踐方法對我的上一份工作很有效。」這個回答不僅難以說服團隊，連我自己都不滿意。現場充滿了不安的氛圍；但我決定放棄我對啟動日的雄心計畫，宣布我們已準備好開始第一個衝刺。

在我最初感到困惑時，當時的情況實際上對我來說是一次很好的學習。在錯綜複雜的工作領域中，你無法保證在一種情況下有效的方法，在另一種情況下依然有效。我的新 Scrum 團隊後來順利地完成許多任務，並在過程中探索並修改實踐方法。

這次經驗至今仍提醒著我，在錯綜複雜工作中最重要的精神是經驗主義——經常檢視和調適透明性的過程。Scrum 中的經驗主義不僅限於探索產品功能，還包括在 Scrum 中應用的實踐方法。這不僅適用於新的 Scrum 團隊；舊有的 Scrum 團隊也經常發現自己被眾多的補充實踐方法所包圍，從而對他們向內看（檢視性）、改變方向（調適性）或保持公開（透明性）的能力產生負面影響。

請記得要經常檢驗你在 Scrum 中所使用的實踐方法是否合理，且其存在能優化經驗主義行為，而不是阻礙它。

Scrum 適用於
多據點的開發模式嗎？

Pete Deemer

（劇透注意）是的！ Scrum 非常適合多據點開發！ 但是，Scrum 並不是能使多據點開發神奇運作的靈丹。

Scrum 是一組非常單純的實踐方法；當這些方法一同發揮效用時會產生高透明性，讓我們能更加清晰地看見實際情況。Scrum 將我們在一到四個星期內可以完成的事情透明化；Scrum 使我們能夠清楚地看到產出的品質和正確性，以及能夠完成的工作量；Scrum 使我們面對實踐方法的有效性，包括功能障礙模式和我們正在犯的錯誤。最重要的是，Scrum 提供了一個機會，讓我們能善用這些洞見，並在下一個衝刺中改善。因此，「Scrum 非常適合多據點開發！」這句話的意思是，Scrum 能夠將我們遇到的所有功能障礙和效率低落問題，清楚地展示在我們面前。而分散式專案往往會面臨很多這種問題！

軟體開發從本質上來說是一種活動，它吸收了人類思想和邏輯推理的產物，並使其以程式碼的形式不斷重複。對於開發軟體的團隊來說，產出的關鍵驅動力在於他們透過共識、協作和溝通來表達思想的能力。在多據點專案中，這項活動因為面臨多種分隔形式（物理分隔、時區分隔、文化和語言分隔，以及語言和文化障礙帶來的問題）而變得特別困難。多據點團隊完成的第一個衝刺經常像是功能失調的豐富馬戲團，而可能的結論往往是「這根本行不通」；但這個認知是邁向成功的關鍵第一步。下一步是列舉所有運作不順的項目，並制定措施以在下一個衝刺中有更好的成效。

舉例來說，產品增量可能在第一個衝刺中沒有達到「完成」的定義標準。在衝刺回顧中，Scrum 團隊找出主要的根本原因，例如：缺乏對衝刺目標的清晰共識、團隊內部缺乏溝通導致缺乏協調，或者團隊成員之間缺乏信任。接著在第二個衝刺中，團隊對每個問題都採取了相對應的措施〔有

關措施建議，請參閱《分散式 Scrum 入門》（Distributed Scrum Primer，*https://oreil.ly/iOKbL*）〕，而這些問題在該衝刺中有了些微的改善。常見的情況是，在接下來的衝刺中仍會有其他問題顯現出來，並且每次都會發現全新的改善方式。Scrum 團隊會在每個衝刺中逐漸成長，發展出愈來愈好的工作方式。

Scrum 會「神奇地」使每個分散式 Scrum 團隊發揮效用嗎？不會。儘管有些方法這麼保證，但事實上沒有一種方法具有這種能力。Scrum 的突破性創新在於它否定基於方法論來獲得成功的想法。相反地，Scrum 是基於檢視性和調適性而構建的單純框架，可在創造改善機會的同時，根據給定情況的獨特環境和特徵來創造持續的透明性。唯一的問題是：團隊願意且能夠接受多大膽的行動！

了解多 Scrum 團隊與多團隊 Scrum 的不同

Markus Gaertner

《Scrum 指南》中的大多數內容似乎都只針對單一團隊的 Scrum；若你想將 Scrum 應用於具有多個開發團隊的產品，《Scrum 指南》中幾乎沒有任何相關的指引。你能找到的唯一提示是在「產品待辦清單」章節：

> 多個 *Scrum* 團隊經常攜手合作打造同一項產品。此時會使用單一產品待辦清單來描述該產品接下來的工作，然後再利用其屬性對項目進行分類。

在此段落中我們可以看到，即使是在多團隊合作的場合，作者仍然建議我們使用單一產品待辦清單。而除了在同一產品上合作的「多個 Scrum 團隊」之外，這個段落沒有提及任何有關產品負責人、開發團隊或 Scrum Master 等角色。

但是，你要如何決定優先順序？如果從字面上來理解《Scrum 指南》，那麼每個參與該產品的 Scrum 團隊中，都可能存在不止一個產品負責人；或者產品負責人只有一個，而此人需面對所有參與的團隊。

一般來說，這就是「多 Scrum 團隊」和「多團隊 Scrum」之間的區別。

多 Scrum 團隊

儘管只有一個產品待辦清單，但通常「多 Scrum 團隊」的每個開發團隊都有一個產品負責人。這意味著，各個產品負責人可能需要相互協調個別的優先事項，並提出產品最具價值的項目。

這種模式可能與開發團隊的專業能力不同有關；在此模式下，各個團隊僅會專注於特定的功能產品領域。如果每個團隊的專業領域工作量是平均分

配的，並且在近期內會保持這種狀態，那麼這種模式將很好地發揮作用。但如果不是這種情況（通常不是），那麼一個團隊可能最終會負責較低優先級（因此價值較低）的產品項目，只因為他們擅長處理這一類的工作。

這種模式通常還會降低透明性和對整個產品的洞見。有關產品的深入知識不僅會分散在各個 Scrum 團隊中，還會分散在各個產品負責人身上。在完成特定功能的開發之後，還需要額外協調產品各部分的成果，以將其整合成可以發佈給客戶和使用者的產品。不幸的是，「多 Scrum 團隊」的設計幾乎不太鼓勵跨團隊協作，因為所有協作都會產生額外的協調成本。

多團隊 Scrum

在「多團隊 Scrum」中，產品待辦清單只有一個，與多個開發團隊合作的產品負責人也只有一個。這個唯一的產品負責人會透過單一產品待辦清單和建立的產品版本，來制定完全透明的產品面決策。

在這種模式下，團隊需要採取跨職能的策略。專注於客戶領域的團隊可能仍然存在，但是一旦優先事項和需求開始轉移，就必須解散。例如，當會計功能不再是產品待辦清單中的優先項目，那麼一個原先專注於會計功能的團隊，將必須改專注其他類型的功能。

因此，這種模式會產生團隊之間的協調需求。他們必須確保在每個衝刺結束時，交付整合的產品增量。

根據你的需求不同，這可能會導致陡峭的學習曲線；但這是值得的。

你會怎麼定義「完成」？

Gunther Verheyen

團隊和組織都想要利用商業和市場機會，而 Scrum 透過保證「完成」增量（每個衝刺結束前推出可發佈版本的產品）來滿足這個需求。由於一段衝刺的時間不會超過且通常低於四個星期，因此組織可以更快地將產品推向市場，取得先機並創造價值。

完成的含義如果沒有透明化，Scrum 將無法有效地運作。透過定義完成，每個人都得以理解其含義。在考慮增量所提供的產品功能機會價值時，這一點至關重要。當衝刺的預測工作被認為可行時，完成的定義也能為開發團隊提供關鍵的清晰度。在整段衝刺中，開發團隊將根據完成的定義，來衡量產品待辦項目和產品增量的工作項目是否已完成。

專業組織只會發佈完成的增量；Scrum 專業人士都會遵循完成的定義，沒有例外。任何「未完成」的工作都不是增量的一部分；任何未完成的工作都不會投入生產，絕對不會。敬業的專業人員會根據完成的定義，來思考改善產品品質的方法。

在世界各地有許多團隊似乎都難以創造出實際可發佈的產品增量。他們的程式碼其實可能已撰寫出來，並在團隊內部完成了測試，但實際增量仍分散並潛藏於存在已久的分支中；也可能是他們在衝刺結束時所交付的成果，仍需要與其他團隊的成果整合在一起；或者甚至更糟的是，這些成果需要先運送到其他部門才能完成整合。在這些情況下，Scrum 揭露出了一些會阻礙組織敏捷性的嚴重組織功能失調。「未完成時間」（一項工作從未完成到完成增量所需的時間）加總起來非常可觀，而這種浪費時間的延遲使得產品發佈無法取得先機。

在 Scrum 中進行衝刺的目的，不僅僅是為了完成一件可以交付給另一個團隊、功能小組或部門的工作。一個增量應處於可用狀態，且已準備好投

入生產。一個增量至少應處於可部署生產的狀態，而完成的定義就是在描述此狀態。

最常見的情況是，團隊會在其完成的定義中加入「可發佈」增量應通過的開發活動——結對程式設計或程式碼審查、單元測試、使用者驗收測試，以及整合、回歸和性能測試。這些是能提升透明性的良好開發標準，但是它們也適合用來定義完成嗎？想像一下任何非軟體產業：你能透過所使用的機器、工具和實踐方法來表現「品質」嗎？這應該是如何創造品質，而非定義品質本身吧？

定義品質的最佳方式就是透過產品應展示的品質來定義。在 Scrum 中，一個完成的產品不僅僅要採用嚴格、適當的開發標準，還要能展現組織所預期的產品品質——產品的內部結構，以及所遵循的組織與維護標準和實踐方法。此外，產品應僅包含有價值的功能，並且符合所有適用的可用性標準。

你需要將心力放在定義完成，而非建立可發佈的增量；然後利用此定義來指引你創造有價值的增量。

我如何學會停止擔憂並開始使用 Scrum

Simon Reindl

這個故事發生在我 2006 年左右加入的第一個 Scrum 團隊。我們當時在建構一個錯綜複雜而又充滿挑戰的新系統，涉及掃描和處理客服中心管理的文件。

團隊中有許多成員（包括我在內）都曾參與過以極限程式設計方法來管理的專案，而這次我們想要使用 Scrum 來改善我們的交付方式。

我們最終以三個星期為週期開始衝刺。我們建立了一套自動化環境，計畫用來自動產生安裝檔案和腳本、將其複製到測試伺服器，並在夜間進行安裝和測試。這是相當不錯的計畫，至少我們是這麼認為的。

上述工作都是使用非常新的技術完成的，而這些技術成為了我們架構和產品策略的基石。然而在幾次衝刺之後，情況開始變得艱難。我們在完成了許多基礎工作之後，試圖想納入一個整合失敗的模組，但直到衝刺進行審查之前的關鍵時刻，我們都還找不到一個熟悉該領域的技術專家。

衝刺審查的時間到了，我們仍無法納入和整合需要的模組。事實上，我們沒有任何可展示的成果。上一個組件版本已損壞，甚至無法安裝；我們沒有辦法進行測試，整個團隊都很擔心要如何展示可用的成果。我們的高層利害關係人是客服中心團隊的經理，他出席了衝刺審查，而且對我們抱有很高的期望。

作為一個團隊，我們自知沒有創造出增量；我們就這麼如實地告訴在場的所有人。我們說我們沒有可展示的成果，因為沒有任何產出符合我們對「完成」的定義。

       Scrum 實踐者應該知道的 97 件事

現場瀰漫著一股安靜又緊張的沉默氛圍，因為大家都期望至少會展示些什麼。我們談論了我們的衝刺目標、計畫實現方式以及挑戰；我們描述了我們對完成的定義，並說明該產品尚未處於該狀態；我們討論了開發可用產品版本的計畫，以及要引入的下一個功能。

出席者耐心地聽完我們的內容後，很清楚地告訴我們，如果我們無法開發出一個可行的產品，那麼該專案將不會繼續進行，因此我們最好儘快拿出可展示的成果。

所有的利害關係人離開了。

隨後開始了衝刺回顧。

當大家聚在一起時，場面極度地緊繃。我們感到憤怒、沮喪和失望；我們努力了那麼多個星期，卻拿不出可展示的成果，還被威脅要終止接下來的開發計畫。這場衝刺回顧變得非常火爆，大家都情緒激昂地相互指責、埋怨和爭論。但幸運的是，我們在這之後進入了專注的討論。我們當中沒有人想再經歷一次今天的狀況；我們對於專案可能會終止感到害怕和恐慌。

在幾次衝刺之後，我們終於完成了這項新功能，而且做得非常漂亮。我們在衝刺審查中，興奮地向同一個高層利害關係人分享這個成果。

「這個功能可以上線了嗎？」她問。

「可以，只要您授權即可；因為功能需要經過簽核程序才能上線。」

「請確保在明天上午 9 點之前上線。這個功能對我的團隊來說真的非常值得！」

由於該功能確實滿足了完成的定義，因此我們很快就將其發佈上線了。這個功能迅速地成為團隊在該產品中最喜歡的功能之一，而且最終經理也對它非常滿意。

這就是我如何學會停止擔憂並開始使用 Scrum。

第二部分

產品創造價值

最終失敗的……成功專案

Ralph Jocham
& Don McGreal

成功的認定取決於旁觀者；而根據旁觀者從專案或產品考量的角度不同，成功的衡量標準也大相逕庭。成功的專案應依照範圍、時程和預算進行，而成功的產品應能產生價值：客戶滿意、收益增加、成本降低等。

從長遠來看，對公司而言更重要的是什麼？是成功的專案還是成功的產品？答案是顯而易見的，因為產品才會為客戶帶來實際價值。彼得·杜拉克（Peter Drucker）是一位多產的作家，也是管理思維的領導者。他在其著作《彼得·杜拉克的管理聖經》（*The Practice of Management*，1954 年 The HarperBusiness 出版）中直接指出：「管理存在的唯一目的就是創造客戶。」

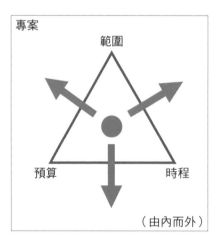

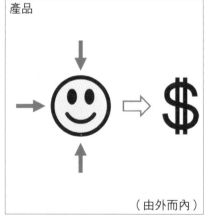

我們可以從上圖中看到專案管理的三角關係。這是專案管理中一種眾所皆知的實踐方法：範圍代表合約；進度代表承諾；兩者通過預算統一起來。在這種「由內而外」的方法中，成功是由內部因素來衡量的。內部因素往往會驅動外部利害關係人如何使用該產品，而非造就更好的產品。

另一方面，產品明確關注客戶價值。正如 Almquist、Senior 和 Bloch 在〈價值的要素〉（The Elements of Value，*https://oreil.ly/I4ga4*）一文中所提，客戶價值可以有多種形式：節省時間、連結人群、減少焦慮、提供入口，或激勵人們等都是。

這顯然是一種不同的客戶優先觀點，其根基於對經驗產品開發和交付的持續回饋。這就是所謂「由外而內」的方法，其中成功和進展是由外部因素來衡量的，而這些因素會驅動團隊內部的工作。

了解產品思維方式勝過專案思維方式只是成功的一半。在領導層和互連的系統之下，團隊和組織可能會發現他們甚至難以定義產品。

產品並不一定是物質上的商品，也可以是服務。只要有生產者（從事這項工作的人）和受益的客戶（消費這項工作的人），就能構成產品。總的來說，產品可以滿足客戶的需求；這應該是主要動機。如果產品做得好，就能滿足客戶的需求（客戶滿意：前期條件），使他們消費更多產品；隨之而來的是更高的收益和更低的成本（利潤：後期效果）。

前期條件　　　　　　　　後期效果

總結一下，首先要定義你的產品。你的客戶是誰？他們的需求是什麼？你主張提供哪些價值來滿足他們的需求？根據該潛在價值來形成一個假設，並建立一套支持該潛在價值之由外而內的衡量方法。在取得進展時進行驗證；但請記住，只有在實際產品發佈到客戶手中時，才能對這些由外而內的衡量標準進行調整。

回答這個問題：
「你的產品是什麼？」

Ellen Gottesdiener

夢遊仙境的愛麗絲有一句話說得最好：「如果你不知道你要去哪裡，那麼任何方向都是正確的。」這絕對適用於軟體開發團隊。即使是一些優秀的Scrum 團隊也無法回答一個單純的問題：「你的產品是什麼？」

Scrum 與持續探索和交付產品有關。一個成功的產品應對客戶來說具吸引力、對商業來說可行、對技術人員來說能夠建置和支援。注意該句的主詞：**產品**。若你不知道你的產品是什麼，那麼你的產品就可能以多種方式呈現。

儘管 Scrum 可能很直觀，但是產品負責人須要提供指導和產品監督。產品負責人的角色並不簡單。無法定義產品會導致各種問題，最終影響團隊滿意度和產品成果。

當產品待辦清單過多時，其客戶和領域通常都是相同的。它們相互重疊，有些項目彼此衝突，且功能可能在多個「產品」之間重複。發佈經理和專案經理之類的協調角色開始出現；使用者對產品端對端流程體驗的感覺是遲鈍、繁瑣且惱人的；產品負責人須耗費心力來排定優先順序，並確保團隊專注於重點項目；局部優化的存在導致了會阻礙整體組織實現目標的決策、行動和結構。這些都是由於產品不明確而導致的問題，但還只是冰山一角。

Scrum Master 存在的重要目的之一，就是協助產品負責人、開發團隊和業務利害關係人定義產品。Scrum Master 會應用以下三個產品定義原則：

原則 *1*：採用由外而內的思維

從客戶（使用者和選擇者）的角度來定義產品。使用者是直接與產品互動以獲得好處或解決問題的人；選擇者是做出購買選擇的人。對於開發團隊來說，依據他們（或產品負責人）由內而外的偏頗思維來打造產品是很自然的。而另一方面，由外而內的思維既謙卑又具啟發性；它促使整個 Scrum 團隊以同理心和好奇心來進行產品開發。

原則 *2*：眼光放長遠

專案總是來來去去；成功的產品可以長期健康地存活下來。從引入到成長、成熟再到衰退，產品在整個生命週期的各個階段都在發展和蛻變。產品得益於持續探索和交付；採用新技術和開發功能對於改善產品的價值主張至關重要。此原則降低了開發單獨產品的必要性。創新可以提高產品的商業可行性、客戶體驗和產品品質。

原則 *3*：儘可能廣泛地定義產品

廣泛定義的產品為 Scrum 團隊提供了更多產品選擇，還能簡化溝通、闡明角色，並迫使團隊進行優先級排序。避免定義範圍狹窄的產品，能使組織優化人員和資源。廣泛定義的產品具有許多優點：

- 階級式系統優化可確保實現高層目標。
- 待辦清單管理和優先級排序變得更易於管理。
- 簡化決策。
- 定義戰略計畫和路線圖變得更加直接明確。
- 客戶和組織之間的溝通變得更加清晰。
- 產品會影響你的組織結構。

使用 Scrum 進行產品開發需要明確的產品方向；為「你的產品是什麼？」這個基本問題建立一個共享、一致且連貫的答案，將帶來巨大的好處。了解你的產品是使用 Scrum 交付成功產品的必要基礎。

Scrum：
把控制權交還給業務

Rafael Sabbagh

在傳統的軟體開發方法中，承諾指的是在一定的時程和預算內交付的約定範圍。傳統對於「成功」的定義，就是範圍、時間和預算的組合。在評估專案時，通常會先將範圍分解為可執行的小型工作，接著經過估算、匯總，再加入足夠的緩衝時間（也稱為應變計畫），最後才確定交付日期。如果幸運的話，範圍會隨著交付日期或預算的確定而調整。最終的計畫包含了將產出整合到最終交付成品所需執行的全部工作，也就是團隊接下來須面對的大量任務。在這段過程的大部分時間裡，實際進度並不明確，但團隊通過完成列表中的任務，來使專案時程看起來都在掌握之中。在截止日接近時，人們將不可避免地發現問題，使得產品無法實際在預期日發佈。

這是一種「全有或全無」的方法，風險很大！它不僅幾乎沒有變更的餘地，也難以保證承諾的結果能在承諾的日期之前準備就緒。

在這種傳統方法中，業務不僅無法控制其產品的上市時間，甚至對產品在開發過程中是否可以發佈都沒有實際洞見；顯然，掌控權已不在業務手中。

在 Scrum 中，我們在短週期的衝刺內建置產品，並且每次衝刺都會推出該產品的可發佈增量。重點不僅在於完成計畫的任務，還在於頻繁將其整合到工作的「完成」版本；該版本可以發佈給實際使用者，從而產生實際價值。在每個衝刺中，我們都會處理在該特定時間內，我們認為產品需要解決的問題之最重要部分。對於每個衝刺，我們都會根據產品負責人提供的業務資訊和優先級順序，來假設對客戶和使用者最有價值的內容。我們不再將這些方法應用在長期計畫上，也不再因此而忽略許多未知數。

Scrum 幫助我們避開了傳統「全有或全無」的黑盒子。每個增量都代表我們對完成的工作又踏出了安全的一步。這不僅為我們提供了交付機會，還使我們能夠儘早從客戶和其他利害關係人那裡獲得實際情況的回饋。我們能夠逐漸加深對產品實際使用方式的了解；其中我們還可以善用分析工具、熱圖，A／B 測試、計數器，以及許多其他工具來進行協助。

所有這些回饋都可以幫助 Scrum 團隊依衝刺來逐步創建產品版本，以解決問題的下一個最重要部分。Scrum 的進展在於根據回饋作出調適，而非遵循計畫。

對於業務而言，儘早且定期交付是合理的；而 Scrum 在衝刺結束之前就會有產品的可發佈版本。業務不再需要等待和期待一些重大發佈（如傳統方法那樣），而是透過 Scrum 來定期獲得交付的機會。產品的發佈與否現在成為了業務決策——它可以在衝刺結束時發佈；它可以將幾個衝刺的累積成果封裝後一起發佈；它甚至可以在衝刺期間內發佈。

上市時間現在回到了它本應屬於的業務決策中；Scrum 把控制權交還給了業務！

小心產品管理真空

Ralph Jocham
& Don McGreal

大多數公司都有願景、對市場趨勢的想法，以及吸引新客戶並保留現有客戶的策略。大多數使用 Scrum 的公司都有一支經驗豐富的隊伍，擅長創造、發佈和維護產品。理論上來說，由良好的 Scrum 團隊來執行良好的商業策略可以促進成功；但實際上，這種情況很少發生。

仔細觀察可以發現，Scrum Master 處理 Scrum 的方式存在一個主要問題：許多 Scrum Master 將他們的焦點向內轉移，專注在開發團隊上。他們優先考慮團隊跨職能、團隊建設、技術選擇、開發過程，並保護開發團隊不受外界影響。這些部分都很重要且值得重視；但是僅將 Scrum 視為一個團隊流程，卻忽略其與公司願景和（產品）策略的實際聯繫，這將導致組織脫節。我們在我們所著的《專業產品負責人》（*The Professional Product Owner*，2018 年 Pearson 出版）一書中，將此脫節稱為產品管理真空。

所有真空都有天生的自我填補傾向；如果沒有積極處理，產品管理真空往往會被文件、里程碑、專案章程和其他流程產出物所填滿。這將導致一個事件驅動、基於文件的順序性流程，其中包含許多交接程序，從而喪失時間、理解和品質。這種做法將流程合規性視為重點，並產生了試圖回答以下問題的謬誤：我們是否符合時程和預算？由於衡量每個管理者和團隊的標準在於其遵守計畫（和官僚體制）的能力，因此這種針對產出的衡量標準在忽視成果的同時，也忽略了客戶價值。

為避免在計畫新產品或進行產品升級時管理與開發團隊之間的脫節，Scrum Master 必須與產品負責人合作，以確保運用三個 V 來聰明地填補產品管理真空：願景（Vision）、價值（Value）和驗證（Validation）；如下圖所示。

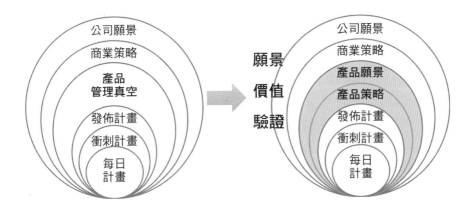

產品需要清晰的願景來解決客戶需求。如果做得好，利害關係人和開發團隊將能以產品策略為中心團結在一起，從而增加參與度和創造力，並強調價值。

在 Scrum 中，價值只能在實際市場中確定；它要求將產品發佈到使用者手中，以經歷真實世界的考驗。在這之前的所有成果，都是基於假設而驅動的清單項目，都只是一種猜測。因此，價值是相當主觀的，並且取決於快速分析和綜合回饋的能力。基於透明性、檢視性和調適性等考量，經驗回饋的循環流程應允許市場進行驗證。但是，價值也需要產品負責人和開發團隊之間的緊密合作，以充分了解其工作目的並感謝彼此的關切。Scrum Master 應該幫助產品負責人了解，在發佈之前沒有價值，只有成本。即使感受到的價值並不存在，那也是很好的驗證，說明該策略也許該改變方向。此回饋循環愈短，我們創造價值就愈快且頻繁。

產品負責人應負責填補產品管理真空，因為他是公司策略與產品交付之間的催化劑；而這項任務只有在 Scrum Master 的全力支持下才能成功。

使用 Flow 框架
將 Scrum 擴展到整個組織

Mik Kersten

人們已經掌握了 Scrum。組織擁有廣泛的實踐、工具和培訓，使其得以運用這種強大的工作管理和交付方式。但是，為什麼大多數的大型組織，在試圖將 Scrum 的優點從各個團隊所採用的實踐方法擴展到整個組織時，會遇到這麼多麻煩？一次又一次地，我與業務和資訊科技主管的討論都會導出了一個相同的結論：試圖將 Scrum 的語言和實踐擴展到業務的想法是不可行的。相反地，我們必須將敏捷實踐與業務語言聯繫起來，才能看到精實思維在整個組織中得到應用。

商業領袖和技術人員之間的障礙不外乎語言與文化——商業文化從收入、成本和客戶的角度出發；Scrum 文化從使用者故事、迭代和客戶的角度出發。其中有一個基本概念將兩者聯繫在一起：專注於為客戶提供價值。而問題來自於組織這一層，其形成的目的在於翻譯 Scrum 和業務之間的語言與文化。最常見的是，業務端採用專案管理的實踐方法來彌合兩者的差距；這是一個嚴重的錯誤。

透過在 Scrum 之上包一層專案管理，我們將其變回了瀑布式流程。我們透過此間接層及其關聯的交接層，斷開了 Scrum 團隊與業務的連接，從而破壞了 Scrum 原本的目的。然而，期望業務領導者直接將敏捷團隊的實踐方法應用於管理數千名員工，這同樣是徒勞的想法。除了不斷增加產品負責人來為雙方架起橋樑之外，我們還需要一種新的管理模型：以一種業務端可以理解的語言，將 Scrum 的工作方式與業務聯繫在一起。

Flow 框架的目標是將 Scrum 和敏捷的概念導入業務，同時提供比敏捷團隊日常工作更高的抽象化。使用者故事和故事點由四個流程項目分層：功能、缺陷、風險和債務。透過迫使業務端了解軟體交付的動態（例如迫使

其了解技術債，以及權衡架構投資高於功能交付的必要性），這種翻譯方式能使雙方更好地理解彼此。

最重要的是，Flow 框架不會衡量或管理單個團隊的工作，而是根據雙方共享的最重要關鍵概念（客戶），在業務和 Scrum 團隊之間建立新的組織層。將交付整合到產品價值流中，可確保雙方遵循一致的業務價值流程，並同心協力地消除流程中的瓶頸和阻礙。在大型組織中，有意義的產品價值流通常需要一個以上的團隊來進行交付，因此這些抽象應該放在「管理多 Scrum 的 Scrum」層級。透過定義、衡量和管理以客戶為中心之產品價值流間的流程，你逐漸了解和喜愛的實踐方法，將最終幫助你將這種新的工作方式擴展到整個業務。

將業務價值擺在前方與中心

Alan O'Callaghan

Scrum 團隊的職責就是為其所打造產品的客戶提供最大的商業價值。用最基本的術語來說，這意味著 Scrum 團隊是一個**業務**單位，而不僅僅是一個實作／執行小組。作為一個自我組織的團隊，Scrum 團隊整體所承擔的責任，在於確保其所有決策皆與業務使命和目標一致。

敏捷實踐者都非常了解產品是在整個開發過程中逐步「探索」出來的。在初期最好能有一個願景，但還不需要最終系統的具體細節；這些細節會在迭代中逐步顯現。但似乎很少有人意識到，產品所包含的業務價值也是如此；隨著假設驗證成功或失敗，業務價值的細節也會在迭代中逐步顯現。產品願景為 Scrum 團隊提供了價值指南針，使其可以據以評估每項決策是使團隊距離實現願景更接近，還是更遙遠。

當然，要能夠驗證團隊對於工作成果價值的假設，產品負責人是其中的關鍵角色。產品負責人負責將產品價值以及開發人員執行的工作最大化。身為 Scrum 團隊的正式成員，他將與開發團隊深入合作以達成共識。但他在 Scrum 團隊中也擁有特殊的獨立權力，可就業務問題作出決策；否則，決策過程在完全達成協議之前可能會先超過時效。但是，好的產品負責人不會僅依靠該權力來進行決策。最優秀的產品負責人知道，Scrum 團隊要實現真正的自我組織，就必須對共同目標具有高度的**向心力**。

這意味著將業務價值問題擺在 Scrum 團隊的前方與中心。產品負責人須從利害關係人身上找出三個問題的答案：目標是什麼？它為什麼重要？如何確定該目標已達成？前兩個問題的答案揭示了最初開發產品的目的。與 Scrum 團隊的其他成員（甚至是更遠的利害關係人）進行溝通，討論下一步最重要的**目標**是最基本的；但如果還能知道產品待辦清單最優先項目背後的**原因**，那麼團隊運作起來將更加順暢。第三個問題（「如何確定該目標已達成？」）則能讓你找出可以用來衡量價值的標準。

這些問題的答案不僅要在開發規劃初期收集，還要在整個過程中持續確認。事物是會改變的。儘管整體目標可能保持不變，產品願景也比詳細規格來得穩定，但變化才是我們在錯綜複雜的世界中可以依靠之不變因素。而變化會分散注意力。產品負責人若能在每次的衝刺規劃會議中，提醒團隊目標和願景是什麼，以及與其相關的最新增量，並且聚焦於當前產品待辦清單的最優先項目，這將使團隊更容易保持專注於業務價值。

產品負責人不該是資訊障礙

Markus Gaertner

業界大多數 Scrum 團隊的產品負責人，其工作方式事實上形成了一種溝通瓶頸。他們從利害關係人和領域專家那裡取得訊息，然後片段地傳遞給開發團隊。每當開發人員提出一個產品負責人無法直接回答的問題時，產品負責人就必須回頭詢問該主題的特定專家以得到答案，然後再回覆給開發團隊。這樣一來，開發團隊的速度就受到該產品負責人溝通能力的限制，就像在玩電話捉迷藏一樣。

傑出的溝通者仍可能運用上述方式，完美地扮演好產品負責人的角色。但遺憾的是，在我們的經驗裡很少有人能以這種方式來**成功**擔任產品負責人。

在探討更好的方法之前，讓我們先看看公司最初是如何使產品負責人變成一種溝通瓶頸的。起因通常是公司擔心程式人員無法直接與領域專家溝通；此外，如果開發團隊成員直接與領域專家或利害關係人溝通（例如在沒有產品負責人的情況下），這些專家可能會趁機將額外的功能塞進衝刺中。如果發生這種情況，功能的實現時間可能會比最初預期的要長；開發團隊也可能因此無法交付衝刺目標，或無法完成預期的衝刺進度。另外，由於產品負責人沒有深入理解偷渡進開發週期的功能，因此開發團隊可能會將心力耗費在打造優先級較低的功能上。

儘管上述情況都發生了，但由開發團隊成員和利害關係人之間直接協商的功能案例通常不多。在每個衝刺結束時，團隊會展示他們的成果，而產品負責人肯定會注意到完成項目中包含了未經同意且優先級較低的功能。如果他們隨後在衝刺回顧中將這個令人不快的意外提出來討論，將促使 Scrum 團隊訂定規則，以在未來應對此類情況。

因此，基本上公司所擔心的問題在 Scrum 中很快就會顯露出來，並且促使團隊提出更好的方法來解決。那麼要怎樣才能使產品負責人更好地發揮作用呢？

產品負責人在 Scrum 團隊中最重要的功能就是優先級排序，使團隊可以確定接下來要開發的重要項目，以及可以推遲的內容。如果開發人員可以直接與領域專家和利害關係人溝通，他們就可以對各個產品待辦項目進行詳細規劃。當然，產品負責人（可能還有 Scrum Master）也應該注意，這是否會導致不必要的功能被偷渡到衝刺中。在該情況下，他們可以教育團隊成員這會帶來的負面影響，並請團隊成員將其他利害關係人的要求傳達給產品負責人，以便下次在產品待辦清單中進行優先級排序。

最後我想補充一點：我強烈建議開發團隊了解接下來將進行的產品待辦清單內容。通過與專家和利害關係人的直接溝通，他們可以共享有關這些即將推出的功能訊息，並利用這些訊息使每個人都專注在當前開發的有限範圍內。換句話說，開發團隊對將來的產品待辦清單內容了解得愈多愈好；這有助於他們將未來的需求留待未來再解決。因此，我建議產品負責人定期與開發團隊共同梳理產品待辦清單。

掌握「拒絕」的藝術
以最大化價值

Willem Vermaak
& Robbin Schuurman

敏捷宣言背後的第 10 項原則是任何 Scrum 產品負責人的核心價值：

> 單純性（最大化未完成工作量的藝術）至關重要。

多年來，我們看過許多侷促的產品待辦清單、沒有盡頭的便利貼牆，以及囊括了數年想法的路線圖。我們遇到的許多產品負責人都了解這個問題；他們都點頭同意：「沒錯，我應該更專注於重要的功能。」（Scrum 價值觀強調專注是有原因的！）「而且我應該將產品待辦清單保持在可管理的狀態。」那麼為什麼大多數的產品負責人，最後仍使產品待辦清單變成如此龐大的使用者案例列表？

在大多數情況下，原因似乎在於他們難以拒絕，或者他們的利害關係人不接受他們的拒絕。每項要求的背後似乎都有一些應該接受的理由，於是產品負責人只好將這些要求加到產品待辦清單中，增加要完成的工作量。

我們希望能幫助產品負責人開始掌握拒絕的藝術。

我們首先想問產品負責人以下幾個問題：你能否說明你們的利害關係人是屬於哪種類型？哪些對你非常重要，哪些應降低互動頻率？因為最終，並不是每個利害關係人都同等重要，而產品負責人也沒有義務花相同的時間在每個利害關係人身上。我們可以藉由將利害關係人分成四組來進行視覺化分析：

- 你只需要觀察的利害關係人（以最小限度的時間頻率共享資訊，與他們保持距離）。

- 你需要隨時通知最新狀態的利害關係人（主動計畫事項或向他們傳遞資訊，與他們保持距離）。

- 你需要確保滿意的利害關係人（僅向他們傳遞相關的資訊）。

- 你需要密切管理的利害關係人（經常與他們互動）。可想而知，這個群組的人數愈多你就愈忙，因此你最好將這個群組中的人數降至最低。

接下來，為每個群組擬定一個溝通策略（他們是誰、他們的目標是什麼、你應傳遞的訊息類型，以及傳遞訊息的管道）。請確保了解他們的關係和背景，以根據他們的觀點來提供相關的答案；例如：給資訊科技管理者一個資訊科技相關的答案。

當產品負責人開始練習拒絕這些經過辨識並分組的利害關係人時，他們應牢記以下注意事項：

1. 誰在問問題？他們是什麼類型的利害關係人？

2. 實際問題是什麼？我是否真正了解這個問題的內容與動機？

3. 回答的意向。我要接受、拒絕，還是或許接受？（最後者實際上是拒絕，但須以委婉的方式讓對方感受起來不像拒絕。）

4. 使用與問題和／或利害關係人相關的方式拒絕。

5. 仔細聆聽利害關係人是否理解並接受該拒絕？是否需要提供其他資訊？如果他們開始討論起來，請先確定當下是否適合進行討論。衝刺審查通常是進行公開討論的絕佳時機。

根據敏捷宣言和 Scrum 價值觀來行事。專注於你們的願景，並抱持著拒絕的勇氣，但在拒絕時誠實地向利害關係人說明原因。現在就開始學會拒絕，來最大化未完成的工作吧！

透過產品待辦清單
來溝通優先需求

James O. Coplien

你知道嗎？Scrum 的產品待辦清單其實不是團隊溝通需求的方式；它既非以優先級排序，也不是以需求為中心所建立的。然而，許多 Scrum 團隊延續了瀑布式流程的實踐和產出物，卻沒有意識到 Scrum 所提供的方法。

或許看待產品待辦清單最好的方式，就是將其定位成一種記錄產品負責人、開發人員和利害關係人所作決策的工具。因此，首先它不是一種溝通工具，而是記錄決策的工具。人們書寫有兩個原因：溝通和記憶。在敏捷中，我們大致上不會把書寫作為主要的溝通機制，而是主要靠人與人之間的對談；因此我們書寫是為了記憶。

其次，這是產品待辦清單，不是需求待辦清單；它會依照切實的交付單位來劃分成產品增量，並在每個衝刺週期結束時產出。待辦清單會進一步細分為產品待辦項目（PBI），它是獨立的交付單位。我們可以透過增加回饋頻率和減少過量，來將其切分成可降低風險的大小。它們通常不是交付的主要功能，但應被視為用來降低風險並標記進度的任務內部分工。重點不在於交付一定比例的產品待辦項目，而是實現衝刺目標。產品增量應始終交付連貫的功能，這通常與衝刺目標相關。因此，產品待辦清單上不會有使用者故事！（請思考這一點。）

這些產品待辦清單切分中的每一塊，都體現了某部分產品負責人所構想的可交付成果。它們代表的是要建構的解決方案，而不是要解決的需求。我們確實可以為產品待辦項目加上需求註釋，但產品負責人若是只將其關聯到需求，那就是在逃避產品需求之外的其他責任；這就是這篇文章醒目標題的由來。

第三，產品待辦清單是依交付排序的，而非依優先級排序的（*https://oreil. ly/GmTjp*）。依賴關係管理不善是開發錯綜複雜化的禍根。透過以交付順序為中心來制定交付計畫，團隊可以更容易預先計畫以減少依賴性問題的發生。此外，客戶也能知道他們收到成果的順序（除非回饋結果使每個人都同意變更計畫）；在最佳的開發狀況下，他們還能知道**何時**可以看到成果，這使得整個流程可以在宏觀層次上進行。產品負責人當然可以另外列出依優先級排序的需求或產品增量，只是該列出的清單不會是產品待辦清單。

這麼做對流程具有深遠的影響。在舊的開發方式中，產品經理會向開發人員釐清需求；開發人員會設計商業解決方案，並以技術實現該解決方案。在 Scrum 中，產品負責人會根據商業需求來制定符合願景的商業解決方案，並將其傳達給開發人員，然後再由開發人員使用他們所選擇的工具和技術來實作。

因此，當你想到「產品負責人」時，你可以想想 iPhone 的史蒂芬·賈伯斯（Steve Jobs）、Linux 的林納斯·托瓦茲（Linus Torvalds），或 Mustang 的李·艾科卡（Lee Iacocca）；他們都是心中懷抱著產品願景的人。

為什麼你的產品待辦清單
頂端沒有使用者故事

James O. Coplien

詞語是有意義的。「使用者故事」一詞暗示了從使用者的角度出發，跟故事有關的某件事物。這個詞可以用以下格式的句子來闡述：作為 X，出於 Z 的原因讓我想要 Y。有些敏捷實踐者盡責地使用此格式來撰寫使用者故事。但是，Ron Jeffries 的說法更加正確而有洞見（*https://oreil.ly/kczbn*）：這種簡潔的格式僅僅是一種邀請，目的在於促成終端使用者與開發人員在未來對話。這著實令人鬆一口氣，因為我們重拾了說故事的可能性。

故事在理解終端使用者需求的過程中，扮演著舉足輕重的角色；而衝刺目標可能較適合作為關鍵使用者故事的潛在標題或規範。但我們可以說使用者故事只是故事的開始；也許我們更應該將其稱之為「使用者謎題」。設計的目的在於解決這個謎題，並交付與謎底相稱的實作成果。

Scrum 遵循精實實踐方法，消除過度負荷（muri）並使流程保持順暢。儘管使用者可能會向我們提出需求，但我們並非在一夕之間，或在名為衝刺規劃的會議上，直接將需求轉變為解決方案；設計商業解決方案需要時間、對話、探索和回饋。解決方案最終會作為可實作規格（Enabling Specification）出現在產品待辦清單中，並以自己的方式進入到頂端。

產品負責人須對規格負責；也就是說，設計規格是產品負責人的責任。這些規格不是問題的規格，而是解決方案的規格。產品負責人不維護需求待辦清單，而是維護產品待辦清單。產品是為了實現產品負責人對產品增量將產生價值的願景而存在，而不僅僅是為了應對提供市場機會的問題。單一解決方案可能支持多個使用者故事，反之則非如此。好的產品待辦清單記錄了利害關係人之間的交付協議，尤其是短期內的。產品負責人可以

運用使用者故事來與利害關係人互動，建立產品待辦項目（PBI）並以使用者故事標記。但是正確的產品待辦項目不是故事，而是團隊要打造的目標。

如果產品的待辦清單很長（六到七個衝刺），則某些底層項目可能會是使用者故事。此時確認實作細節還為時過早；當這些使用者故事到達頂端時會成為可實作規格。良好的 Scrum 實踐會致力於將前三個待辦清單的衝刺轉變成可實作規格來減少過度負荷。而且，一個強大而敏捷的 Scrum 團隊通常不會有很長的待辦清單；相對地，他們只會規劃接下來的三到四個衝刺，其餘的都是猜測。如果產品可以明確地規劃接下來六個月的工作進度，那麼瀑布式流程可能會比 Scrum 更適合該產品的開發。

因此，如果你的待辦清單長達七個衝刺，或者它變成了使用者故事列表，那麼可能有些地方須要實行改善法（kaizen）──你應該打破你對 Scrum 的鬆散理解，採取更具影響力的實踐方法。

留心你的成果；注重價值。

Jeff Patton

專注於成果

想一個你使用過且會推薦給其他人的產品：這個產品有什麼優點？為什麼傑出？我敢肯定你的答案不外乎是簡單易用、能解決問題、具趣味性，或者能帶來利潤等等。請注意你所想到的優點是如何為作為產品客戶的你帶來好處，或者甚至是為投資該產品的公司帶來經濟利益。

請注意你並沒有想到準時交付、預算內交付，或滿意的利害關係人；那是因為這些都不是產品成功要素，而是專案成功要素。

以產品為中心意味著你必須要在成果交付之後，關注並衡量客戶和使用者的反應。我們希望他們能夠注意到、嘗試使用、認真使用、持續使用，並最好能稱讚該產品。這些都是成果，因為它們是產品發佈後發生的事情。而且，如果客戶和使用者有上述反應，這通常會對投資開發該產品的組織造成一些影響；例如：投資獲得回報、市場佔有率增加，或開發內部使用的產品得以節省成本。

錯誤的 Scrum 專注於產出

立意良善的 Scrum 使用者很容易忽略成果和影響，僅關注 Scrum 的產出。我們在每個衝刺的初期預測可以建構多少潛在可發佈軟體；我們用衝刺的長度來確定開發時間；我們用團隊成員的數量來確定成本；然後，我們要求團隊自身透過承諾衝刺的交付內容來確定範圍。我們每天都在談論建構這些東西的進度。在每個衝刺的最後，我們審查建構的內容、爭論它們是否「真正地完成」、討論我們的速率是否達到預期，甚至可能會從通常非實際使用者的利害關係人那裡得到回饋。

奇怪的是，我們花費時間所擔心的，卻不是影響產品成功最重要的因素。因此，這是你必須要修復的問題。

保持時間成本和成果可見

你可能已經注意到，要推出真正可發佈的功能，通常需要數個產品待辦項目；這些實際可發佈的功能正是我們可以用來衡量結果的部分。因此，請在每次發佈可使用的功能時，停下來並慶祝一番；討論實際花費了多長時間，數天、數週、數月、還是數季？建立一個易於理解的視覺化分析表，依照實際時間成本將它們從左到右歸納；標記花費比預期長的功能，並討論原因。

困難的部分來了：你須要等待使用者實際注意到、嘗試使用、開始使用並持續使用該功能；因為如果他們沒有這樣做，我保證你不會得到你投資開發時所期待的商業影響。透過加入實際成果軸，將你的視覺化分析變成二維量表。選項從「未知」開始，因為在首次推出前成果是未知的；接下來的選項為「糟糕」、「還可以」和「優秀」，使它成為一個連續光譜。你最終的分析表看起來會像這樣：

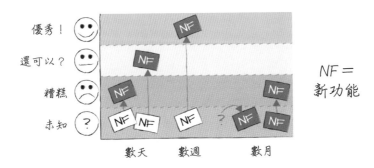

在每次衝刺審查時討論先前衝刺中推出的功能，以及那些功能到目前為止的已知成果；討論是否能夠，或應該改善那些功能以增進成果。好好地慶祝優秀的成果，因為這才是真正的價值所在。

第三部分

協作是關鍵

我們可以從足球流氓身上學到什麼？

Jasper Lamers

> 你會看到它的作用在於賦予暴力一個目的；它使我們具有重要性。因為我們不是為自己而做的；我們是為了更大的目標——我們整體——而努力。流氓需要這種暴力。
>
> ── *Mark*，曼徹斯特聯支持者，《流氓之中》（*Among the Thugs*）

我內在的文化人類學家促使我讀了記者 Bill Buford 所著的《流氓之中》（*Among the Thugs*，1990 年 Vintage 出版）。Bill Buford 在其中描述了他在曼徹斯特聯流氓最暴力核心地區中所做的田野調查。在閱讀這本書時，我內在的敏捷和 Scrum 教練一直在尋找是否有關於團隊合作的教訓可供借鏡。

Bill Buford 不只一次因為參加鬥毆而進醫院；這在最初並沒有阻止他再次參加。他描述自己在這之中體驗到了成為更大事物一部分的狂喜，以及所向披靡的自信；他感受到友誼與團結。當他和一群「流氓」面對更大一群對手，並決定無論如何都不退讓時，榮耀、英雄主義和生命力讓他血脈賁張，成了驅使他的動力。

這聽起來可能很粗俗，但是從後設層級來看，這些流氓團體具有某些特徵是團隊整體可以借鏡的。

《Scrum 指南》中指出，Scrum 是輕量、易於理解且難以精通的。管理 Scrum 事件很容易，但是要如何充分利用這些事件？要如何使團隊運作順暢？要如何持續改善並儘可能地創造更多價值？這些都不是參加 Scrum 事件就能達成的；這涉及奉獻、團隊動力、目標、思維、文化、行為和……價值。

《Scrum 指南》以一種詩意的方式陳述了 Scrum 價值觀:

> 當 Scrum 團隊體現並實踐承諾、勇氣、專注、開放和尊重等價
> 值時,也就豎立了 Scrum 的三大支柱(透明性、檢視性和調適
> 性),並建立起每個人的信任。

在 Artyom Vorobey 2018 年的紀錄片《足球野獸:歐洲足球流氓次文化
的深入觀察》(*Football Beasts: An Inside Look at Europe's Football Hooligan
Subculture*)中,一位司徒加特的流氓領袖說道:「最美妙的地方在於團隊
精神;你知道身邊的人都是你的靠山。」換句話說,逃跑可能會使你的夥
伴陷入巨大的麻煩。

除了暴力之外,足球流氓跟 Scrum 團隊有一些相似之處。當情勢不利
時,Scrum 價值觀可以支撐我們站穩腳步。我們得以展現出勇氣,保持專
注和投入,且對彼此誠實和尊重;我們互相支援彼此。

作為 Scrum 團隊,我們明顯與流氓團體不同。我們對衝刺目標給予承
諾,這意味著我們會用盡一切方法來實現目標。我們以不犧牲品質和價值
為前提,在衝刺期間「完成」工作。如果完成工作的能力受到挑戰,團隊
成員將互相幫助。整個團隊應該穩住立場,而逃跑不在選項之內。

在 Lexi Alexander 2005 年的電影《足球流氓》(*Green Street Hooligans*)
中,Elijah Wood 飾演一名美國學生,與西漢姆聯足球俱樂部的虛構流氓
組織 Green Street Elite 敵對。在從一個缺乏安全感的學生轉變為一個流
氓之後,他在劇中說道:「我的生活從未如此靠近過危險,但我也沒有因
此而感到安全。我從未有過如此的自信,人們甚至可以在一英里之外就感
覺到它。至於這種暴力?我必須老實說:它在我身上成長。一旦你承受過
幾個拳頭、意識到自己沒有想像中脆弱之後,你就得不斷挑戰自己的極
限,才能感覺到自己活著。」

然後奇蹟就發生了

Konstantin Razumovsky

Scrum 的本質是什麼？

> 很抱歉我把信寫得那麼長，因為我時間不夠。

馬克·吐溫的這句名言反映了一個觀念：你必須花一些時間來理解某個概念，才能精簡地解釋其本質。

我曾經合作過的一位敏捷教練非常喜歡這個觀念，以至於他最愛考的面試題之一是：「請使用最多六個詞來描述 Scrum 的本質。」他最想聽到的關鍵詞是回饋、實驗、經驗主義、檢視性、調適性和價值。

我想這個面試官應該沒有意識到，他的問題其實在《Scrum 指南》中有一個非常明確的答案：

> Scrum 的本質是小型團隊。

「我深吸一口氣，閉上眼睛，然後寫下這個詞：團隊。那些說超過 14 人的團隊不會成功的人，只是從未見識過成功案例；人們很難相信從未見過的東西。」這段話來自白俄羅斯明斯克的 Scrum 團隊成員 Hanna。我很想將 Hanna 的感想完全歸因於 Scrum 流程，但我沒辦法。她的動力和幸福感主要來自每天與四個技術人員並肩工作；她將這四個人稱為她的團隊。在經歷了六個月的共同勝利、失敗和爭吵之後，這些技術人員對她而言變得非常重要。他們成為了她的第二個家庭，並使她擁有了工作的動力。

書上通常會告訴我們，團隊應該基於一個共同目標來建立，並從追求該目標中獲得動力。但是，組織目標經常是多變或毫無意義的；對許多人來說，在一個很棒的團隊中工作才是驅使他們前進的動力。團隊不是為了外部目標而存在的；團隊本身就是那個目標。好的團隊能激發成員的動力和幹勁。

　　　　　　　　　　　　Scrum 實踐者應該知道的 97 件事

我個人認為對 Scrum 實踐者最有用的提示之一，就是大量地投入時間、精力、創造力和同理心，使團隊真正地凝聚在一起。當你這麼做之後，Scrum 中的許多美好事物幾乎都會「自動」發生。你會看到團隊中每個人的優點；你對參與度、責任和協作的大多數擔憂都會消失；你將了解集體責任是如何運作的。所有 Scrum Master 最喜歡的口頭禪「以團隊為中心」將開始對你非常受用。

在 Sidney Harris（*https://oreil.ly/pK_Sl*）的一部經典漫畫中，有兩位科學家正在逐步證明一個重要的定理；而在達成目標的過程中，需要奇蹟發生。

同樣地，在邁向專業 Scrum 的道路上有一個艱難而必要的步驟：培養團隊；但沒有人確切知道這要如何做到。

我們都知道要實現這一步，你必須要找到擁有強大內在動機、又具備足夠同理心的人。為他們創造一個安全的環境，一個擺脫正式「指導」、階級制度和去動機因素的環境。認真聆聽像 Hanna 這樣的人所說的話，因為他們對以下經驗已有所體悟：「在一個美好的日子裡（真的很美好！），不知怎地在我們的協作、尊重、幫助、支持和友誼下，奇蹟以一種難以解釋的方式發生了；而你無法真正操控它。你可以觀察、享受，甚至從中獲得好處、調查並嘗試理解。但你這麼做不是為了重現這個奇蹟，而是為了不要破壞它。」

將客戶視為
最優先的決策考量

Mitch Lacey

雖然這麼說可能會被質疑心懷不軌，但我認為如今大多數公司的文化似乎都過於關注個人。此現象最大的問題在於：當每個人都忙於確保自己的需求被滿足並試圖推銷自己的想法時，組織就無法聽到客戶的聲音。若一個企業不知道客戶想要什麼，該企業就會失敗。因此，業務主管須要推行新的行事理念來為客戶創造空間。

雖然我說新，但是這些理念已經存在一段時間了。我花了將近一輩子的時間在踢足球。在我年輕的時候，我們最在乎的是誰的進球數最多，而不關心我們是輸是贏。隨著年齡增長後，情況變得正好相反：只要我們最終獲勝，是誰得分並不重要。

Scrum 團隊與成功的運動團隊確實有一個共通點：他們無論輸贏都站在一起。Scrum 團隊獲勝的唯一方式就是為客戶提供價值；這就是為什麼每個我參與過的成功 Scrum 實踐，都將客戶視為最優先的決策考量。我在微軟工作的兩個朋友 Scott Densmore 和 Brad Wilson 設計出了一套運作良好的決策考量順序。

Scrum 實踐者應該知道的 97 件事

我們依照以下順序來為 <X> 決定最好的做法：

1. 客戶

2. 公司

3. 團體或組織

4. 團隊

5. 自己

要培養這種思維方式，團隊成員首先必須學會當責（accountability）。當責的意思是：即使責怪他人可能更容易，你仍選擇對自己所犯的錯負責。我的兒子有一天忘了將作業帶回家，而我拒絕帶他回學校拿。他對我生氣，說這「都是你的錯」；但是我堅持了自己的立場。我知道對他而言，學習如何承認錯誤比使他免於暫時性的尷尬更重要；他從這件事中學會了當責。同樣地，當團隊正在衝刺中奮鬥時，如果其中一個開發人員只是坐在那沾沾自喜地想著「我的工作都完成了」，那就代表他缺乏對團隊的當責意識。

團隊成員一旦表現出當責，就能夠培養出成長心態。當我們接受自己無法獨自了解所有事情，當我們放下自己的想法並開始傾聽他人，相信總會有更多的東西要學習，我們就擁有了成長心態。團隊如果能共同開發解決方案並時時考量客戶的需求，成功將會來敲門。這種成功的感覺非常棒，以至於成長心態很快就能根植於該團隊文化中。

領導者若建立並宣揚客戶至上的行事理念，公司就能夠專注於其主要目標：激發客戶的期待和信心，並創造與眾不同的體驗。

你的團隊有在合作嗎？

Rich Hundhausen

在我遇過的許多團隊中，大多數團隊都實行 Scrum，其他團隊則正在考慮使用 Scrum；他們都想變得更加敏捷。當我問他們是否有在合作時，他們的回答總是肯定的。團隊中的每個成員都忙於進行某件工作，而團隊通常會完成某些任務；他們每天也都會舉行站立會議。

太好了，但是他們有在合作嗎？

團隊合作有很多種方式，有些方式著重於高度協作；有些方式著重於學習最大化；有些方式著重於縮短週期時間。不幸的是，其中有很多方法都著重在個人的專業和輸出。在無經驗的人眼中，他們可以看起來像一個和諧的團隊，但他們實際上最大化了無法交付的風險；因為當今問題的錯綜複雜度需要複合技能，甚至交叉學習技能才能成功解決。

多年來，我開始辨別和分類各種團隊合作的風格，並評估它們對集體的影響。

就集體交付和超越一群個體之能力而論，功能失調有四種類型：

囤積（*Hoarding*）

> 在進行衝刺規劃後，某位開發人員要求負責多項產品待辦項目，以獨自完成這些項目的所有工作。團隊內部的相依性（例如知識）和外部障礙，使開發人員可以在特定項目中進行選擇，從而使所有項目在衝刺結束時都處於開放狀態，但沒有一項「完成」。

獨佔（*Hogging*）

> 在進行衝刺規劃之後，某位開發人員負責一項產品待辦項目，以進行所有可能的相關工作；然後以同樣的方法處理下一個項目，如此

持續下去。相依性和障礙與囤積類似，但是聚焦於單一項目會略微增加透明性，從而降低無法完成項目的風險。

專精（*Specializing*）

開發人員在各個產品待辦項目中處理與自己專業相關的任務，以「最大化」發揮各自的專業。相依性很高，但要到衝刺後期才會顯現出來；此時的後期整合會大大增加風險。

廣泛（*Generalizing*）

一名開發人員進行數種不同類型的任務。由於並不具備全部的所需技能，該名人員在卡關時，仍會開始處理新的產品待辦項目（PBI）。相依性可能不如專精那麼高，但是整合仍會較晚進行，使得風險提高。

使用以下三種方式中之一的團隊會進入「團隊協作良性循環」。在該循環下，團隊會將相互學習視為專業發展的機會。此良性循環也是降低相依性和風險的必要狀態：

結對（*Pairing*）

兩名開發人員結對共同打造同一項 PBI。結對組成有可能在過程中改變，以尋求必要的專業人才來完成項目。結對可能是隸屬於負責某項 PBI 之較大群集的一部分。

群集（*Swarming*）

所有開發人員（單獨或結對）共同負責某項 PBI。他們會進行任何所需的工作，直到該 PBI 完成。

圍攻（*Mobbing*）

所有開發人員同時進行某項 PBI 的某項任務，直到該 PBI 完成。就像在群集中一樣，在完成該 PBI 之前，團隊不會分心或跳過當前進行的項目。

我希望這可以幫助你思考開發團隊的合作方式。在開發過程中，你會如何配置你的團隊？你觀察到什麼模式正逐漸形成？你要如何幫助團隊發展，使其成為一個高度協作的團隊，而不只是一群個體？

「那不是我的工作！」

Markus Gaertner

以下故事來自我一個為客戶提供教練式技術領導的同事。他是與 40 個 Scrum 團隊合作的技術教練之一，目標在於幫助這些團隊改善技術和開發實踐，使其達到 21 世紀的標準。

在其中一次合作中，這些技術教練提供了有關現代開發概念的培訓和教練式領導，例如測試驅動開發（TDD）和驗收測試驅動開發（ATDD）等。此時其中一名參加的開發人員走到自己的辦公桌打開抽屜，拿出他的工作合約並指著它說：「上面沒有提到『測試』。」

顯然地，該名開發人員極度依賴他的紙本合約。如果上面沒有載明上完廁所要洗手，也許他也不會洗手；誰知道呢？

但說真的，如果在大家都抽不出空來完成某項任務時，一名空閒的團隊成員只會說「那不是我的工作」，這對整個團隊有所助益嗎？並沒有。

仔細觀察各種規模的公司，我們會發現一種特定的模式。在小型公司中，人們似乎較願意接手其他工作，即使該工作可能不是他們的職責或擅長的領域。但在大型公司中，人們對於這種做法較為抗拒，因為冒犯到別人並引起問題的可能性更高，更不用說這通常對升遷也沒什麼幫助。

無論如何，我不認為後者的態度能夠解決 Scrum 所要面對的錯綜複雜問題。

作為人類，我們與生俱來的技能很少是發育成熟的。人腦的核心能力之一就是學習新事物；這也是人類在整個生命過程中不斷在進行的。我們學會爬行，然後站立，最終走路和跑步；無止盡的學習道路上的每一步，都使我們得以擺脫了之前每個階段所遇到的問題。

如果一項工作必須完成，你就不應以該工作不是你的職責為理由，來拒絕學習執行該工作所需的技能。如果該工作並非一定要完成，那麼每個人可能都會同意不做也沒關係；這與說「那不是我的工作！」完全不同。

我們一生都在學習精進，這就是人類與其他物種的不同之處。我們可以利用此能力來為團隊做出貢獻，同時發展自我。

「那不是我的工作」確實是一個可以推託相關工作的廉價藉口。不要依賴這種藉口，因為它會損害團隊士氣和你的自我發展。

昆蟲才需要專業化分工

James O. Coplien

羅伯特·海萊恩（Robert Heinlein，*https://oreil.ly/qmZ3g*）對於專業化分工有過很精采的評論：

> 人類應該要能夠換尿布、計畫入侵、屠宰食用豬、開船、設計建築物、寫十四行詩、平衡帳目、築牆、接骨、安撫垂死的人、接受命令、下達命令、合作、獨自行動、解方程式、分析新問題、施肥、編寫電腦程式、烹煮美食、有效戰鬥、英勇犧牲；昆蟲才需要專業化分工。

我們最喜歡的 Scrum 模式之一是「跨職能團隊」（*https://oreil.ly/6Ssvu*），但其含義很容易令人困惑；人們通常認為這意味著每個人都要能夠做所有事情。這可能是最大程度地解決人才短缺困境的理想之選，但從訓練的角度來看，大家會覺得這既不切實際又成本過高。跨職能團隊背後的目的是提供完成工作所需的所有能力，尤其是開發人員整體應具備有效建構產品所需的所有技能。

為什麼 Scrum 要鼓勵我們建立這種共同的工作型態？首先，是為了處理差異性。你無法雇用剛好數量的 UX 設計人員、測試人員、程式人員和資料庫人員，以完美地應付工作量。在衝刺過程中以及衝刺交替期間，每個專業需求都會發生變化；超前計畫能夠降低風險。其次，我們要確保在特定的衝刺期間，團隊進度不會因為一個擁有獨特技能的人工作量超載或請病假而卡住；應該要有其他團隊成員能夠承接起這部分的工作。第三，時代會改變。市場今天需要一套專業知識，明天可能需要另一套。不要尋找具備當今所需知識或知識應用經驗的人；要尋找對於未來新興知識有學習與應用能力的人。

Daniel Pink 在他的著作《動機：單純的力量》（*Drive: The Amazing Truth About What Motivates Us*，2011 年 Riverhead Books 出版）中提醒我們：人們喜歡深入鑽研自己的專業領域（精通），因此這些跨職能主張引起了他們發自內心的消極反應。常見的論點是，你不可能在團隊工作的每個領域都擁有專家。更清晰的觀點是，你不需要世界一流的專業能力，只要能勝任工作就夠了。如有需要，使用改善法（kaizen）來學習成長即可。

Scrum 強調團隊學習。如果你不斷地發現自己缺少某些專業技能，或者需要比你更有經驗的測試人員，那麼你可以透過交叉培訓（成本低廉又能增加價值）或僱用（這會增加短期和長期成本，且你的團隊能力可能會更快隨著規模增長而遞減）來解決此問題。你愈早解決此問題，就能愈早得到改善。在此期間你會表現得很糟，但是沒關係；良好的改善法會帶來一些值得反思的遺憾。

能夠加入鼓勵個人學習的團隊是一件很棒的事。Pink 對於知識成長的提醒並不意味著專業領域數量是有限的；他的意思是精通新領域不只能獲得成長，還能帶來許多附加價值。優秀的團隊成員會學習、成長，並多樣化他們的技能。

有害的數位工具：
衝刺待辦清單

Bas Vodde

數位衝刺待辦清單工具的普遍使用是很不幸的現象。我會說**不幸**，是因為數位衝刺待辦清單工具往往會對團隊動力和協作產生負面影響。數位產品待辦清單工具也很常見，但危害較小。我認為大家應該避免使用數位衝刺待辦清單工具！我已經觀察到使用數位衝刺待辦清單工具的四個原因，而每個原因都反映出某種團隊或組織的功能失調。

1. 團隊不在同一地點。 分散的團隊很普遍，因為許多公司都忽視團隊位於同一地點的重要性，並且允許組織愚蠢地分散其大部分團隊。細節請參考我的相關文章，標題為「同一地點仍然重要」（*https://oreil.ly/1wxA-*）。分散的團隊通常很快就會決定使用數位衝刺待辦清單工具，但我知道也有許多團隊能善用衝刺待辦清單便利貼牆、白板、影片，以及照片等工具來進行管理。

2. 規定的衝刺待辦清單工具。 儘管我經常詢問「統一規定」衝刺待辦清單工具的好處，但我**仍然**搞不清楚這麼做的目的是什麼。最常見的回答是希望能更好地追蹤衝刺期間的進度。這個答案明確顯示出 Scrum 被誤用於處理微觀管理的需求，因為追蹤衝刺期間的進度應該是團隊的責任。另一個常見的回答是可以從衝刺待辦清單中獲得指標。但是對團隊外部的人員和場合有意義的指標，應來自於產品待辦清單，而不是衝刺待辦清單。

衝刺待辦清單僅適用於團隊；它不適用於 Scrum Master 或產品負責人，也絕對不適用於管理。它可以幫助團隊承擔共同責任並管理工作，以建構可發佈的產品增量。工具的使用與否應取決於自我組織團隊。一名管理者若規定要使用某種工具，就代表他可能並不了解 Scrum，也不了解 Scrum 基於自我組織團隊而建立的本質；這才是真正要解決的問題。

---

*3. 透過電腦來進行衝刺規劃。*電腦會造就無聊的會議，使討論集中化，而打字的人就成為了瓶頸。以電腦為中心的會議是可怕的活動，人們在等待其他人打字時盯著天花板發呆，浪費了許多時間。於是電腦會議成了令人避之唯恐不及的活動，可怕到人們寧願選擇去當公車司機。

無電腦的會議可以提高工作效率和樂趣。當會議重點在於對話，並使用卡片或便利貼來促發協作時，會議會自動去集中化。每個人都可以在同個時間寫下東西；人們會分裂成小群組討論，稍後又再次合併；桌子上的卡片則呈現出已完成工作的總覽。衝刺規劃是共享的軟體設計，本就該是有趣的！

*4. Scrum Master 將任務加到衝刺待辦清單。*干預衝刺待辦清單的 Scrum Master 將會擁有掌控權，並成為假的 Scrum 專案經理。下圖是我曾合作過的團隊所列出的非數位化衝刺待辦清單：

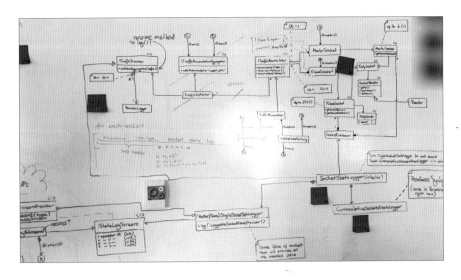

該衝刺待辦清單是系統的軟體設計，兩種不同顏色的框分別表示此衝刺的當前系統和預想設計；便利貼是須要完成的任務。這是衝刺待辦清單任務板的「待辦事項」欄。

我並不是在建議你的團隊也採用這種方式；這是我們這個團隊的工作方式，是這個團隊獨有的。這就是我不建議使用數位衝刺待辦清單工具的最重要原因。使用數位工具時，該工具會限縮團隊的工作方式；若不使用數位工具，團隊就可以創造並改善屬於自己的工作方式。

有害的數位工具：Jira

Bas Vodde

在撰寫本文時，Jira 可能是 Scrum 和 LeSS（大規模 Scrum）應用中使用最廣泛的數位工具。不幸的是，使用 Jira 通常會導致一些可預測的功能失調。

Scrum 認知混亂

許多公司透過規定使用 Jira 來開始將 Scrum 導入「整個企業」；於是人們透過 Jira 來學習 Scrum，或者至少他們是這麼認為的。但是，Jira 從來就不是一個 Scrum 工具；它是一個問題追蹤工具，其中整合了許多 Scrum 和⋯⋯非 Scrum 的概念。團隊最終會以為（或被告知）他們所採用的概念是 Scrum 的一部分。

這樣的整體結果是反 Scrum。為什麼？因為 Scrum 實施以經驗為依據的流程控制，因此幾乎沒有明確指示。團隊實踐既沒有規則也不是固定的，而是根據情況變化來採用和調適的。Scrum 意味著由團隊而非工具來主導流程。

產品和衝刺待辦清單整合

Jira 整合了產品和衝刺待辦清單。這可能看上去是一個好主意，但實際上並非如此；因為這會使人混淆兩者的目的。

產品待辦清單中所列出的是代表產品功能或改善任務的項目。產品負責人會使用產品待辦清單來追蹤產品進度、確定下一步要實現的功能，並在範圍／時間／成本之間做出權衡。

衝刺待辦清單是團隊的一項計畫，內容為團隊將如何嘗試達成衝刺的目標。它只存在於單一個衝刺期間——它只會在衝刺開始時建立（永遠不會

比衝刺開始早），並且在衝刺結束後消失。團隊會隨時將它保持在最新狀態。它的用途在於使團隊承擔共同的責任，並管理所有衝刺期間的工作。

將衝刺待辦清單和產品待辦清單整合在一起，很容易導致產品負責人和管理者開始追蹤衝刺期間的進度。如此一來，他們將接手團隊的職責，以在衝刺期間管理其負責的進度；而管理者通常很難抗拒在團隊衝刺期間介入指揮。這將使 Scrum 從支持自我組織團隊的框架，轉變成微觀管理的框架。

沒有共同的團隊責任

優秀的團隊會避免在衝刺結束時未如期完成工作；他們透過真正共同承擔責任，並一次專注處理一個（或少數幾個）項目來做到這一點。他們會將任務拆分成細小的任務，以便每個團隊成員都可以同時進行與同一個項目相關的任務。

在 Jira 中建立任務很耗時，這可能是因為 Jira 本身就很慢（我使用 Jira 的大多數經驗都是安裝在自行管理的主機上，並且都很慢）；也可能是因為在衝刺規劃中建立任務時，都只有一個人在輸入。不論耗時的原因是什麼，我觀察到的所有團隊都透過避免拆分出小型任務，來儘可能地縮短在 Jira 上的打字時間。

大型任務會造成較少的共同協作，從而導致較少的團隊共同責任，並使得團隊效率低落。你要如何知道這可能正在發生？你可以發現團隊在衝刺結束時未如期完成工作，並且聽到團隊談論著工作超接和延遲的話題。*超接和延遲都是 Scrum 功能失調的跡象。*

我們就是卡在 Jira，那現在要怎麼辦？

你要如何使用 Jira，使其所造成的傷害降到最低？ 我的建議是：

- 切勿使用 Jira 來管理衝刺待辦清單。

- 用 Jira 來管理產品待辦清單時，請將它簡化；把它當作試算表來使用就好。

- 避免使用任何複雜的功能和工作流程。剛安裝好的 Jira 就已經非常複雜了。

重視利用率的不良影響

Daniel Heinen
& Konstantin Ribel

我們想要分享一個我們觀察到的現象：若組織在產品開發進度不如預期時選擇投入更多外包團隊，此舉將產生不良影響。

每個新的外包團隊都須要對產品及開發方式有完整的系統性了解。產品的錯綜複雜性將決定他們須要從經驗豐富的團隊獲得多少幫助，以及需要多長的學習時間。

此時布魯克斯定律將發揮作用（取自 Frederick Brooks 的著作《人月神話》〔1995 年 Addison-Wesley 出版〕）：

> 在一個時程已經落後的軟體專案中增加人手，只會讓它更加落後。

產出的功能將減少，而管理問題會進一步增加。此時亟需採取行動，而最直覺的手段是再增加更多人力。由於僱用外包員工（合約結束後就說再見）比招募內部員工要容易得多，因此外包團隊的僱用率會急劇上升。

在系統理解方面，整個產品小組的規模與團隊之間的差異性都會增加。但人們普遍期待能最大程度地利用團隊和個人，因此工作開始隨著團隊當前的能力而分散，而非如 Scrum 所提倡的那樣組織起來以實現客戶價值。團隊之間的工作分配靈活性下降；擁有特定專長之團隊的工作量增加。工作變得更加碎片化，產品開發小組的調適性也跟著降低。於是團隊開始只處理其擅長的工作，並成為所謂的單一功能型團隊（component team，*https://oreil.ly/2JcJl*）。

隨之而來的常見模式是團隊不再依優先級順序來處理工作，而是從他們擅長的工作開始著手，以最大程度地提高利用率。

隨著人們逐漸適應這種模式，產品待辦清單開始反映出團隊之間的技術分工（而不再是客戶的需求），產品負責人也不再依價值來為工作排定優先順序。

要打破這種惡性循環，團隊須要掌握整個技術堆疊並專注於客戶價值；也就是說，團隊要成為「跨職能團隊」（feature team，*https://oreil.ly/2JcJl*）。

但是，整合外包團隊通常會受到合約所限制（例如資訊保護等），甚至合約的利用率需求還會對其進一步造成威脅。這樣的合約條件會導致產品待辦清單分裂成數個團隊待辦清單；外包團隊中也會出現所謂的代理產品負責人，來試圖更好地指揮他們的團隊。

於是康威定律（*https://oreil.ly/FEh2r*）將會發揮作用：

> 組織所生產的設計會受限於組織本身的溝通結構。

此時組織的溝通結構是由多個單一功能型的小型團隊所組成的，而他們都依循著各自版本的待辦清單，這使得開發中的軟體設計和可用性下降。此外，關注利用率的關鍵績效指標（KPI）會忽略僱用經驗不足之開發人員的成本。在失去組織靈活性和整體效能的代價之下，所有團隊之間的協作品質會因此而降低。

建議的做法是：謹慎思考是否確實有增加人力的必要性，以及是否必須透過外包的方式來達成。可以的話，最好兩者都避免。

我們建議緩慢擴張規模並鼓勵學習。藉由大量的實地觀察（GoSee）來管理團隊，並高度掌握合約協議，使協作能專注於實現客戶價值。

成為散發資訊的團隊

Len Lagestee

透明性的存在創造出能使信任茁壯的環境。沒有它，小小的疑慮裂痕最終將變成不信任的大破口。透明性作為 *Scrum* 的原則之一是有原因的。

當 Scrum 團隊的透明性不如預期、沒有充分地散發資訊時，領導者就只能推測：「我們在這個團隊中的投資是否能獲得回報？」如果對此答案有任何疑慮，下一步可能就是要求狀態回報或直接介入，以迫使團隊更加透明。

要成為散發資訊的團隊不須花太多心力，因為 Scrum 團隊在一般的工作過程中就會產生大量的資料。這些資料將能避免狀態回報和領導者介入：

- 透過產品待辦清單來散發目的資訊。產品待辦清單能明確指出重要的開發項目及順序。將它貼在牆上，使大家抬眼即可見；或提供它的唯讀版本，以便所有感興趣的人都可以查看和討論。

- 透過即時任務牆來散發進度資訊。任務牆代表著團隊的行動，而排序的產品待辦清單則說明了這些行動將如何完成有價值的工作。如果任務牆的資訊太過老舊（任務持續數天都處於「進行中」），人們就應該感到緊張。將任務牆設置在公共場所；如果你的任務牆是數位的，則開啟唯讀權限讓大家都能夠存取。對於大多數人來說，任務牆的重要性並不在於其細節，而在於能看到團隊當下的能量和進度。

- 透過燃盡圖或燃起圖來散發承諾資訊。這種圖表能展現團隊交付產品增量的能力，並顯示何時可能會發佈有價值的成品。對於大多數領導人或利害關係人而言，這就是他們所須要知道的。

- 透過障礙清單來散發障礙物資訊。對阻礙你前進的問題保持開放態度。分享不適用的做法，修復你能夠解決的問題，並在無法獨自解決

障礙時尋求幫助。散發這些資訊，以便組織中的其他人可以向你學習，甚至幫助你消除障礙。

- 透過計算開發速度來散發**進步資訊**。如果任務牆代表行動，那麼開發速度就意味著你在創造、交付之速度與效率方面的能力成長。開發速度只是完成度的一個相對指標：你過去曾做過什麼？你的工作完成能力有進步嗎？雖然這通常只會作為內部團隊的評量工具，但一個散發資訊的團隊應該保持足夠的透明性，分享他們的成果生產速度是成長還是趨緩。

當一個團隊對好事與壞事都保持透明時，神奇的事情就會開始發生。他們會擁有更多自主權；他們會對彼此更加信任，成為一個充滿信心的團隊。

第四部分

開發是多面向的工作

敏捷不是只有衝刺而已

James W. Grenning

敏捷轉型通常始於良好的目的,但在方法上存在缺陷。你的開發人員多年來一直處於瀑布式和製造思維的工作模式,現在你卻要他們開始迭代並進行衝刺;但「衝刺」一詞只會讓他們聯想到奧運。

我們都見過在大型比賽之後進行衝刺的短跑選手;你並不會期待他們立即開始下一個衝刺,但我們卻期望我們的敏捷團隊能夠做到。在轉型的過程中,開發人員被告知要參加像是微觀管理的每日 Scrum 或立會;Scrum Master 的頭銜讓他們感覺自己是下屬。他們覺得自己被催趕著完成工作,而這種與時間的激烈賽跑似乎永無止盡。對於開發而言,以兩個禮拜為週期所透露出來的最直接訊息是:品質無關緊要,重要的是能交付功能。

這種模式一再地在我面前上演。痛苦的原因來自於在開始漸進式管理之前,沒有先投資漸進式工程和開發技能,而這可能會導致一些明顯可見的問題。你會看到開發人員完成迭代工作的比例比以前還低;你會看到臭蟲清單不斷增長,於是大家開始用取巧的方式來解決問題,導致程式碼品質惡化、開發人員士氣低落。

你可以透過投資開發人員來避免這種痛苦,幫助他們發展漸進式的開發知識、理解和技能。漸進式開發成功產品所需的技能並不是秘密。肯特·貝克(Kent Beck)在他 1999 年所著的《解析極限程式設計》(*Extreme Programming Explained*,1999 年 Addison-Wesley Professional 出版)一書中,詳細說明了這些技能。極限程式設計(XP)以及對設計的持續學習概念可適用於漸進式開發。在應用這些概念之後,你可能會看到更多計畫內容準時交付、較短或甚至不存在的臭蟲清單、品質較優良的程式碼,以及較高的開發人員士氣。

沒有漸進式開發技能的漸進式管理實踐註定會造成痛苦；當你將漸進式管理與漸進式開發相結合時，美好的事情將得以發生。Scrum 雖然沒有明定開發實踐，但確實要求具備它們。因此，標準和協議對於透明性和經驗主義至關重要。

我的建議是：在漸進式開發中開始增長覺知、知識、理解和技能。傳統開發不適合漸進式管理方法；此一事實不僅僅是開發問題，而是系統問題。

Patricia 的產品管理障礙

Chris Lukassen

Patricia 怒火中燒地重步踏入辦公室廚房；她從櫥櫃裡拿出一只咖啡杯，然後將櫥櫃門猛地關上。

團隊的 Scrum Master Seiko 揚起了眉毛，問道：「一切都還好嗎？」

Patricia 臉紅了；她並沒有意識到自己的憤怒有多明顯，但是產品負責人 David 又再一次地令她失控！

「我很好。」她說，似乎有些勉強地擠出笑容。

「才怪，妳一點都不好！」Seiko 笑了。「怎麼了？」

自從 Julie（CEO）說服他們轉用 Scrum 以來，Patricia 在擔任產品經理一職時就感到愈來愈無力——她向 Seiko 訴說這個困境。當然，她過去對團隊也沒有太大的影響力，但至少在那時她還可以完成一些工作。現在，一切都必須經過產品負責人，而 David 有他自己的想法。

「我知道單一產品負責人能夠帶來更多的專注和透明性。」她嘆了一口氣。「但是開發團隊沒有我的經驗或客戶洞察，導致沒有一個發佈能夠正確解決客戶的問題。」

「我有注意到。」Seiko 說。「這些團隊確實對客戶沒有足夠的了解，所以可能會害怕；也或許他們就是只喜歡寫程式。」

「他們想怎麼寫程式都可以。」Patricia 回答。「但如果客戶不喜歡，就沒有任何意義！」

「這個問題現在是 David 要煩惱的了。」Seiko 詭秘地笑了。

「你說得對。但他要關注的事情太多了；他將永遠無法為所有團隊制定所有細節。」Patricia 解釋道。

「這個嘛，你不一定要成為司機才能抵達想去的地方。」Seiko 說完露出一抹微笑。在這之後，Patricia 直到晚上都在思考應如何交換職務。他們在單一產品上擁有一個負責人和一份列有所有工作的待辦清單，此時恢復到舊的工作方式再合理不過了。另一方面，團隊就是抓不到重點；她覺得她具備的知識能夠幫助他們找到方向。

第二天早上醒來，她走進廚房，看到女兒 Emi 正在與午餐盒纏鬥——Emi 正以極大的熱情和力量想將午餐盒蓋起來。

「我的天哪，妳都在裡面塞了些什麼？」Patricia 問。

Emi 一邊專注於蓋上午餐盒，一邊列出了其中的內容：「水果、三明治和一顆蘋果。」Patricia 正想解釋蘋果其實也是一種水果，Emi 就繼續解釋道：「今天我將需要這些東西，但我不想將它們分散在不同的盒子裡。」她最後一個擠壓，終於成功將蓋子蓋上了。

當天早上稍晚，Patricia 到達公司後召集了 Seiko、Julie 和 David 開會，以討論產品管理與開發團隊之間的分歧。

「開發團隊需要具備多種技能，包括但不限於編寫程式、測試和設計。我也想通了，像我這樣了解市場的人也可以發揮作用。因此，我想加入開發團隊。」她笑著，緊接著又說：「把大家分散在不同的盒子裡沒有意義。」

評估產品待辦項目的五個階段

Len Lagestee

Scrum 被設計為一種拉式系統（pull system）；這意味著進行工作的人可以依照他們認為可持續和健康的方式，來決定要完成的工作量。工作項目將由團隊從產品待辦清單拉出來，並放到衝刺中。在這個過程裡，不會有人要求他們應該要拉出多少工作量。

但是，如果團隊無法確切理解產品待辦項目（PBI），或者如果他們不確定是否能在衝刺的限制下完成項目，那該怎麼辦？

使用點數系統來進行 PBI（或故事）評估，是一種引導團隊決策的技巧。它的運作機制基於指數級的相對錯綜複雜度：簡單項目的點數較小；錯綜複雜項目的點數較大。

但比起最終產生的實際數字或點數，更重要的是團隊能在過程中達到共識並增加凝聚力；因此評估的目的不僅僅是一個數字而已。

為了達到這個目的，團隊在評估活動中會經歷五個階段：

1. 個人觀點

   由於 Scrum 團隊是跨職能的，因此具備了各種等級的專業知識；這使得每個團隊成員都有機會傾聽和擁抱其他成員對於 PBI 的獨特見解。個人觀點至關重要，因此所有聲音都必須被聽到。*在此階段須要大聲說出想法。*

2. 個人理解

   團隊成員接收了來自其他成員的個人觀點，並開始建立自己對於 PBI 的理解。大家都試著融合自己與其他成員的觀點，並開始將問題分類。*在此階段須要傾聽。*

3. 相對性

建立了對 PBI 的理解之後，團隊現在可以使用相對性來決定完成項目的錯綜複雜度。相對性可以透過經驗分享來決定：

- 相同經驗：「我們曾經做過，可以再做一次。」

- 相似經驗：「我們曾經做過類似的事情，可以運用當時所學到的經驗。」

- 獨特經驗：「我們從未做過，但是我們擁有解決問題的技能。」

- 個人經驗：「我曾經做過，可以向他人展示如何做。」

- 沒有經驗：「沒有人曾經做過。」

- 透過相對性的討論，可能的選項會開始一一浮現。在此階段需要好奇心。

4. 團隊共識

建立相對性後，團隊會開始根據某個比例尺來選擇點數（費氏數列是很常見的選擇）。此時特定點數應具備自然的吸引力，促使團隊一致趨向某個數字（必要時須通過多輪對話來達成共識），或者一致決定放棄某個項目。促成共識的過程中，團隊可能會需要針對個人理解和相對錯綜複雜性來進行協調。團隊成員不應被迫屈從，但也不應固執。在此階段需要同理心。

5. 團隊智慧

在團隊完成評估活動後，會對完成 PBI 的工作內容有共識。當他們開始將團隊經驗整理起來以供將來評估使用時，他們的團隊智慧也因此提升了。在此階會出現一個團結的團隊。

最終，團隊將成長到一個狀態，此時更多項目會被歸在「我們曾經做過」或「我們曾經做過類似的事情」類別中。隨著團隊智慧和經驗的擴展，項目評估也會變得更加容易且有效率。

三個對於使用者故事的
常見誤解

Marcus Raitner

使用者故事是敏捷軟體開發中最廣為人知的概念之一。不幸的是，它也是被誤解最深的概念之一。以下我將闡述三個對於使用者故事的常見誤解。

1. 使用者故事是 Scrum 的一部分

儘管許多產品待辦清單似乎都包含使用者故事，並且像 Jira 這樣的電子工具也強硬地將產品待辦清單中的項目視為使用者故事，但 Scrum 指南本身根本沒有提及「使用者故事」一詞。相反地，它只有提到產品待辦清單，並將其作為一種可用於記載特色功能、一般功能、需求、增強和修復的通稱。

實際上，使用者故事的概念甚至並非起源於 Scrum，而是起源於極限程式設計（XP）——由 Kent Beck、Ward Cunningham 和 Ron Jeffries 於克萊斯勒（Chrysler）C3 專案期間（1995 至 2000 年）設計出來的一種敏捷開發模型。

2. 使用者故事是一種規格

我觀察到這種模式經常出現，特別是在數十年來已習慣了計畫驅動工作模式的組織中。他們有懷抱需求的客戶，也有應該滿足此需求的開發人員。曾經有人設計出複雜的方法來試圖使雙方相互理解；如今充其量只有小小的使用者故事。但是最後保留下來的其實是有害的客戶 - 外包反模式（customer-vendor anti-pattern）。

使用者故事的名稱其來有自——它應該要是一個能被講述和談論的**故事**。使用者故事是一個促成使用者和開發人員之間進行對話的邀請，而不是用

來交接任務的新規格名稱。對話的結果肯定會被記錄下來，但是該記錄文件並不是故事。

Ron Jeffries 提出了良好使用者故事應遵循的三個 C（*https://oreil.ly/wGyzd*）：卡片（**Card**）、對話（**Conversation**）和確認（**Confirmation**）。卡片指的是最初用來記錄故事的索引卡片（現在可能改用便利貼）。但是，這種用來記錄重要訊息的索引卡片空間有限；這必然導致其內容必須很簡潔，也因此造成了資訊不完整。而這種不完整就是促成**對話**的契機。透過對話所達成的共識可以作為驗收標準（**確認**）的形式正式記錄下來，並在未來成為測試驅動開發的基礎。

3. 產品負責人應撰寫使用者故事

這種誤解經常與上一個誤解結合起來一起出現。客戶 - 外包反模式會產生交接方面的責任；產品負責人作為使用者的代表，「顯然」必須向開發團隊提供他們需要實作的完整規格。這種舊的反模式延續至今甚至變得更糟，因為開發團隊認為這就是產品負責人最重要的工作。唯一的改變是：這些全面性的期望如今已改為透過使用者故事來表達，這意味著產品負責人必須撰寫使用者故事。但由於故事太過豐富多樣，使得產品負責人難以獨自完成（這會使他們的生活變成「故事地獄」），因此出現了一整組的規格團隊，專門負責撰寫完美的使用者故事，再交接給開發團隊。

> 使用者故事是對話的保證。
> — *Alistair Cockburn*

最後，重點並不在於使用者故事應如何產出或由誰來編寫，而在於連結使用者和開發人員以促進相互理解。因此，請作為一整個產品開發團隊來合作，並放棄分歧的客戶 - 外包教條。

什麼是濫用者故事

Judy Neher

> 駭客指的是結合高科技網路工具和社會工程學來非法存取他人
> 資料的人。
>
> ──約翰·邁克菲

從歷史上來看,作為軟體產品開發團隊,我們很容易傾向專注於實作功能。那我們都是在什麼時候思考安全性的呢?通常是在正式發佈前夕!在這個時間點才開始考慮如何防堵漏洞並保護寶貴的資料免遭敵人攻擊,似乎有點為時過晚。

但是說真的⋯⋯我們的敵人是誰?他們想要什麼?他們的動機是什麼?

這就是「濫用者故事」派上用場的時候了。濫用者故事使我們能夠置身於敵人或攻擊者的角度來思考事情。它使我們能夠站在他們的立場來看自己的產品,並絞盡腦汁地找出他們意圖存取我們最寶貴資源──資料──的動機。

在深入探討濫用者故事之前,讓我們先看一下它的功能對照組:使用者故事。

根據 Mike Cohn(*https://oreil.ly/2PL6i*)的說法,使用者故事的定義如下:

> ⋯⋯從對新功能有需求者(通常是系統的使用者或客戶)的角
> 度,對該功能所進行的簡短描述。

通常,使用者故事會以下列格式撰寫:

> 作為一名 < 誰 >,我想要 < 什麼 >,因此 < 原因 >。

使用者故事是極限程式設計的（XP）概念，但已被各種類型的敏捷團隊（Scrum 團隊、XP 團隊和看板團隊）廣泛地應用於收集需求資訊。敏捷團隊傾向於喜歡撰寫使用者故事，原因包括下列幾個：

它讓我們專注於須完成的功能，而非如何完成。

> 從歷史上來看，作為產品開發團隊，我們傾向於以「系統應該……」為開頭來撰寫所有需求。我們主要從系統功能為出發點來進行思考。使用者故事可幫助我們專注在要為使用者和客戶解決的問題上。

它易於被業務和開發團隊理解。

> 由於使用者故事是從使用者的角度來撰寫的，所以可以很好地在業務團隊和開發團隊之間傳遞資訊，並促進雙方對話。對於開發團隊而言，良好的使用者故事提供了打造功能的原因，有助於他們同理使用者的需求。

濫用者故事與功能上的使用者故事具有非常相似的結構。濫用者故事主要用於幫助組織以攻擊者的方式來檢視其產品。它可以幫助我們從敵人的角度，而非實際使用者的角度，來看待自己的產品。它能幫助我們了解敵人想要獲取的資源類型及其動機。

一個典型的濫用者故事會長得像這樣：

> 作為一名 < 攻擊者 >，我想要 < 意圖 >，因此 < 動機 >。

對於我們在產品中加入的每個功能，組織中都應該要有人（無論是開發團隊成員還是資訊安全專家）從敵人的角度來檢視該功能，並思考以下問題：攻擊者會如何利用此功能？

你的衝刺規劃裡有什麼？

Rich Hundhausen

在 Scrum 中，衝刺規劃主要是用來建立衝刺目標、預測以及實現預測的計畫。衝刺目標是在衝刺中，須透過實作預測的產品待辦項目（PBI）來實現的目標。預測是開發團隊在評估衝刺期間可完成工作時，所選擇的產品待辦項目集合。

在設定衝刺目標並做出預測之後，開發團隊將制定一個計畫，以將所選功能交付為「完成」的產品增量。團隊應該充分理解該計畫，並且提供一種追蹤進度的方法。

以下是一些衝刺規劃的呈現方法。

使用任務來呈現衝刺規劃

任務是呈現規劃的一種常見方法。在衝刺規劃期間及之後，開發團隊會針對每個預測的產品待辦項目進行討論，並一同將須完成的工作切分為可進行的小型開發任務。每件工作都會被視為單獨的任務，並且依照其規模大小或時間進行評估；每個任務最好都保持不超過一天的工作量。隨著開發團隊在衝刺中的進展，任務會被移至「進行中」，並且最終移至「完成」。透過計算任務或剩餘的工作數量，即可得知當前的進度。

使用測試來呈現衝刺規劃

驗收測試是一種較不常見，但功能強大的衝刺規劃呈現方法。在衝刺規劃期間及之後，開發團隊會針對每個預測的產品待辦項目進行討論，並一同確立一至多個相關的驗收測試。這些測試通常是根據驗收標準來建立的，並且經常使用行為驅動開發表示法。隨著開發團隊在衝刺中的進展，愈來愈多的驗收測試狀態會從未通過變為通過。透過計算通過或未通過的測試，即可得知當前的進度。

使用圖表來呈現衝刺規劃

效能較高的團隊可以在掛圖、海報或白板上，以圖表的形式來呈現規劃；該圖表可能是一張大型新興架構圖的一部分。在衝刺規劃期間，開發團隊會在該圖表上為每個預測的產品待辦項目加入新元素（例如：新報告或與其他系統的整合）。隨著開發團隊在衝刺中的進展，他們會更改圖表元素的顏色以表示「進行中」和「完成」。透過檢視圖表的整體顏色狀態，即可得知當前的進度。

不呈現衝刺規劃

高效能、長期存在或凝聚力強的團隊，經常不太需要明確的規劃。基於心照不宣的默契和共識，他們的規劃可以透過對話即時地出現。這對於使用群集或圍攻法來處理產品待辦項目的高度協作開發團隊非常有效。你可以使用看板來將工作視覺化，並且透過計算產品待辦項目數量來得知當前的進度。

你都如何呈現衝刺規劃呢？希望上述範例可以幫助你為開發團隊構想出制定和呈現規劃的方法，以便在衝刺中交付預測的產品待辦項目。如果你目前正在使用一種特定的方法，何不試試看另一種方法來尋求改善？

脫離電子工具的
衝刺待辦清單會更好

Mark Levison

我遇到的大多數開發團隊，都習慣直接使用線上 Scrum 工具所提供的功能來管理衝刺待辦清單。這會損害團隊的凝聚力；因為這種方式會強化被動接受的感覺，使團隊覺得 Scrum 並非他們主動選擇的。由於衝刺待辦清單的唯一目的僅在於幫助開發團隊組織工作，因此開發團隊——既非工具也非外部人員——才是該清單的唯一建立、更改和管理者。

衝刺待辦清單是由一系列開發團隊認為可以在衝刺中完成的產品待辦項目（PBI）所組成的。這些產品待辦項目會衍伸出所需的工作項目，並被切分成足夠小的單位，方便在整個衝刺中追蹤進度。一種特定而普遍的信念是：衝刺待辦清單中必須包含任務；而事實並非如此。

《Scrum 指南》中並未提供任何有關衝刺待辦清單內容或格式的指引。有效的衝刺待辦清單包含的不僅僅是任務而已。

團隊會進行試驗並選擇最能幫助他們保持專注和自我組織的方法；他們會以最適合的方法（例如索引卡片、白板，甚或是電子工具）來建立衝刺待辦清單。（請注意：如果為了維護衝刺待辦清單工具反而使團隊工作變慢，那麼該工具就成了一個障礙；此時 Scrum Master 需要協助尋找更好的解決方案。）

為了確保團隊和流程能夠改善每個衝刺，建議開發團隊在衝刺待辦清單中，為當前衝刺加入至少一項先前衝刺回顧中的行動項目。許多團隊還會加入他們的衝刺目標，甚至是團隊成員的休假提醒。他們還可能加入障礙清單，以及一些可以將流程阻塞和中斷視覺化的資料。

這些額外資訊能鼓勵團隊不僅僅專注於交付一系列的使用者故事；相反地，他們在實現衝刺目標的同時不斷改善，從而在中期得以提高工作品質和效率。

當你的衝刺待辦事項由外部人員（或電子工具）設計並預先填好時，就失去了加入以上任何改善方式的機會。

衝刺待辦清單同時也是開發團隊的預測工具。在每日 Scrum 期間，開發團隊每天都會重新規畫工作，幫助評估自己是否能如期完成衝刺工作。接著他們會與產品負責人一起根據需要來決定新增或刪除哪些項目。

如果將衝刺待辦清單用於外部目的或用於微觀管理（*https://oreil.ly/zMI47*），它將失去其價值。當領導層利用它來給開發團隊施加壓力時，即使沒有實際指揮開發團隊的行動，也常常會導致衝刺待辦清單塞滿過多的細節，從而破壞和降低了透明性。

當衝刺來到尾聲，衝刺待辦清單已完成。完成的工作已部署；未完成的工作則會由產品負責人放回合適的產品待辦清單中。在下一個衝刺規劃中，一個新的衝刺待辦清單又會被建立出來。

好的團隊知道衝刺待辦清單是他們所負責的。優秀的團隊每隔幾個衝刺就會進行一次試驗，嘗試使他們的衝刺待辦清單變得更好。

測試是一種團隊運動

Lisa Crispin

跨職能、自我組織的團隊具有將品質融入產品的超能力。多樣性是創新的推動力；與具有不同技能、經驗和無意識偏見的人共事，有助於解決各種類型的問題。如果你有與測試相關的問題，如果測試成為了瓶頸，或者你的產品品質不好，請將其視作團隊問題來解決。

作為團隊，致力於達成你們期望的品質水準

測試是一種團隊運動。將整個交付團隊團結在一起，討論要交付給客戶的品質水準，並致力於達成這一水準。做出有意義的承諾——切勿讓不可避免的障礙誘使你降低品質。

針對最大的問題設計小型實驗

經常進行回顧以找出當下團隊最大的品質問題。找一個合適的促進者來居中協調，讓每個人都有發言權。有很多書籍可以幫助你有效地進行此類回顧，包括 Diana Larsen 和 Esther Derby 所撰寫的《敏捷回顧》（*Agile Retrospectives*，2006 年 Pragmatic Bookshelf 出版）。

設計一個小型實驗來消除最大的品質問題——請注意與品質相關的問題有多少。建立一個假設，其中包括你的預期結果以及如何衡量進度（入門者推薦觀看 Linda Rising 介紹小型實驗的影片）。經常檢查進度，並根據需要來決定持續、調整或放棄。

使問題明顯可見

解決任何問題的第一步就是使其明顯可見。使用明顯的大型圖表來鼓勵與測試問題相關的對話。發揮創造力——你可以在故事板上貼一張大紅卡；製作熱圖來顯示產品中缺陷已散佈到正式環境的區域；使用大型壁掛式顯

示器來顯示問題，並依據狀態來改變顏色；你甚至可以使用閃爍的警示燈來標示嚴重錯誤（我有不只一個團隊這麼做過）。

視覺效果是促進共同負責品質和測試的一種好方法。在共同解決問題時，請持續使用視覺效果；在溝通時，一起畫圖、寫字和移動項目。

保持溝通

當你從產品的正式使用者那裡得到回饋，並開始建構新功能以滿足客戶需求時，應使具有不同專業的團隊成員之間保持溝通。「三個朋友」會議（*https://oreil.ly/OO19e*）和範例對照（example mapping，*https://oreil.ly/BNAhk*）之類的實踐，都有助於在開發開始之前，先建立起對功能和故事的共識。預先將測試專家和其他好的提問者加入到團隊中，可以在幫助縮短週期時間的同時，避免「大型前期設計（big design up front）」。

慢慢來

注重品質而不是速度。透過可執行測試來引導開發；之後這些可執行測試將成為安全網和有效文件。對更改程式碼具有信心的團隊會找到穩定的節奏。

請記住：故事只有在經過測試後才算完成。限制正在進行的工作；專注於一次完成一個故事。如果你感覺測試變成了瓶頸，請在下個衝刺規劃中安排少一點故事。使任何團隊成員都可以進行的測試任務可見。透過結對（pair）和圍攻（mob）等方式，來將測試技能相互轉移。

營造一個允許失敗的安全學習環境。每天都要提醒你們團隊對品質的承諾。要有耐心，如同嬰兒學步一樣慢慢前進。你將享受到工作的樂趣，並交付高品質、高價值的功能使客戶滿意。

重新思考臭蟲

Rich Hundhausen

問題、意外、中斷、缺陷、臭蟲──僅提及這些詞語就可能使產品負責人或利害關係人不寒而慄；因為它們暗示著品質低落。這就是為什麼我一直致力於減少使用此類術語，或將其從團隊的日常用語中完全刪除。沒錯，產品可能會運作不良。我們都有過這種經歷：曾經正常運作的功能，現在卻出現異常；產品突然異常或意外地停止運作。我們可能會想將造成這些問題的程式錯誤蔑稱為臭蟲，但這有什麼幫助？產品運作不良可能有多種原因。除了使用貶義性的詞語來命名、責怪和羞辱開發人員之外，我們還有其他作為嗎？

在 Scrum，於衝刺中執行的所有工作都稱為開發。不論工作的類型是什麼，開發的目的都是為了朝著衝刺目標邁進，並交付預測選定的產品待辦項目（PBI）。因此，開發是 Scrum 開發團隊的當責（accountability）。在開發過程中（即在衝刺中），臭蟲不會在增量中被開發出來。也許是建置失敗導致的編譯錯誤；也許是程式碼品質檢查失敗；也許是自動化測試失敗；無論如何，這些都是開發過程的一部分。開發是種艱苦的工作，有許多無法預見的問題。在衝刺中，這些失敗對開發團隊而言都只代表著工作「尚未完成」。

當開發團隊不具備完成任務所需的所有技能時，就會出現更嚴重的問題；例如：由工作時間、組織和／或地理位置不同的外部人員來進行測試。但這種狀況首先會造成溝通問題。臭蟲追蹤工具是可想到最糟糕的溝通機制之一，特別是（同樣地）當你仍在開發中。此時所發現的問題並不是臭蟲，而是團隊工作尚未完成所出現的錯誤。請注意「整個團隊」的概念；因為我們不會區分開發團隊中的不同職位、子角色或子團隊。共同當責制改善了協作和透明性，同時也降低了風險。

我並不是說開發團隊在衝刺期間，都不會遇到先前完成的產品增量運作不良。不論該增量是否已實際發佈，我們都可以使用「臭蟲」這個詞。當發現問題時，應諮詢產品負責人，並在隨後的討論中探討修復該問題的影響、價值和人力。如果產品負責人認為事態緊急，則開發團隊應將此修復工作加入到衝刺待辦清單中；同時產品負責人應認知到衝刺預測可能會因此受到影響，並且可能需要重設衝刺目標。

但產品負責人也可能會決定暫緩，認為此修復工作的緊急程度並不足以危及當前的衝刺。於是該工作會被加入到產品待辦清單中，待產品負責人在未來的衝刺中重新評估。

除了將產品待辦項目定義為包含描述、價值和評估的容器之外，Scrum 並沒有定義更具體的方法。無論一個項目是「好事」還是「壞事」，產品負責人都會依照其價值來判斷合適的進行時機。產品待辦清單上的所有工作都會帶來價值（即使是為了避免負面價值）並產生成本；衡量投資報酬率並作出取捨是產品負責人的職責。

產品待辦清單精煉
是一項重要的團隊活動

Anu Smalley

Scrum 中最關鍵的需求之一就是擁有精煉完善的產品待辦清單。根據《Scrum 指南》，產品待辦清單精煉（Product Backlog refinement）指的是「為產品待辦清單中的項目加入詳細資訊、評估和順序的行為。」

精煉會議該如何進行？誰應該參與？這些是大家經常感到困惑的問題。產品待辦清單精煉是一項持續性的活動，主要參與者包括產品負責人和開發團隊。參與者會在過程中討論出下一個衝刺欲交付的一系列產品待辦項目（產出），並建立起對這些產品待辦項目的共識（成果）。

有一種 Scrum 反模式是：產品負責人在沒有團隊的情況下嘗試進行待辦清單精煉；這種精煉方式會造成不良影響。由於團隊經常需要重複進行精煉活動，因此衝刺規劃會議可能會偏離主軸或變得冗長。或者更糟的是，團隊在未充分了解所需工作的情況下開始衝刺，從而導致衝刺陷入混亂。待辦清單精煉絕對必須由產品負責人和開發團隊一起進行，以在整個團隊中建立起對產品待辦項目的共識。

以下提供一個好記的 REFINE 口訣，可幫助你記住所需的活動：

R －審查（Review）

> 審查產品待辦清單是一項團體活動，可確定優先順序和排名。對客戶和利害關係人最重要的項目，必須放在待辦事項列表的最頂端。開發團隊也可以新增項目。排名可以根據當前衝刺或上一次的衝刺審查來進行調整。

E —詳細説明（*Elaborate*）

產品負責人帶領團隊過每個產品待辦項目，以確保準確性和細節。我通常會在精煉會議之前，先將要詳細說明的產品待辦項目列出來發送給參與者。在會議期間，我們會討論每個產品待辦項目的細節，並解決所有疑慮。有時候，團隊會提出須要先進行其他研究，才能在下一次會議中完成精煉。

F —確定（*Fix*）

產品負責人和開發團隊將產品待辦項目切分成較小的元素，使其得以在單個衝刺中完成。在拆解使用者故事時，須注意的是要垂直切分，而不是水平切分。（推薦閱讀這份精彩的〈故事拆解小抄〉〔Splitting Cheat Sheet，*https://oreil.ly/TmMqV*〕）

I —調查（*Investigate*）

開發團隊可能需要為產品待辦項目做一些分析工作（例如向另一個團隊諮詢、研究程式碼，或進行技術研究），以為下一個衝刺做好準備。

N —協商（*Negotiate*）

產品負責人和開發團隊共同合作來釐清和調整驗收標準。作為產品負責人，我會將利害關係人定下的故事和最初驗收標準唸出來；與開發團隊討論後，他們將能夠修改驗收標準。如此可以確保我們擁有相同的認知。

E —評估（*Estimate*）

在擁有對產品待辦項目的共識之後，開發團隊可以使用任何技術來進行評估。一種常見的方式是使用費式數列來估算故事點數，並使用計劃撲克（*https://oreil.ly/Qqjbj*）或親和力評估（affinity sizing，*https://oreil.ly/LLhDL*）等方法來幫助進行。

忽略上述任何一項活動，都可能會使組織遭遇到耗時耗力的衝刺規劃會議、失敗的衝刺、模糊或不存在的衝刺目標、高重工率，甚至導致技術債。遵循這個好記的口訣，你就能夠很輕鬆地提醒自己該做些什麼。

自動化敏捷

David Starr

現代產品交付系統（通常是持續整合和持續交付系統）正在幫助團隊比以往更快地交付超高品質的軟體。這些系統連帶產生了一個非凡的副作用——改變團隊的動態，從而幫助團隊宛如巧合般地實現了敏捷。自動化的產品交付系統不僅支援軟體測試，還改變了團隊合作的方式；因此幾乎必然會為 Scrum 帶來真正的敏捷性。

Scrum 提倡跨職能團隊。舉例來說：當產品交付系統由於測試失敗而中斷時，很可能會是由資料庫專家與前端開發人員合作來修復，以使系統重新通過測試並上線。這種「不要破壞建置」的規則有助於改善團隊協作。在此規則下，即使測試因為程式碼提交而失敗，也會立即被修復，以維持團隊固有的品質和自動化文化。即使每個成員都各有專精，團隊仍會同心協力來全面性地關注產品及其生產系統。

擁有這種系統的團隊可以每天放心地發佈到正式環境中多次。你可能會想：「但我以為每個衝刺只能交付一次？」其實，《Scrum 指南》中並沒有表明團隊不能在每個衝刺中交付一個以上的增量。無論是否直接發佈到正式環境，擁有產品持續交付系統的團隊就是這麼做的。

以這種方式運作的團隊通常會一點一點地實踐 Scrum 的各個方面。他們通常會從每日 Scrum 開始（無論是否為站立會議），如果運作得當將帶來無可計量的價值。關鍵是要為接下來的 24 小時制定一個計劃，而不是只關注每個人昨天所做的事情。他們會將 Scrum 工作板豎立在某個地方，無論是實體的還是數位的。接下來，團隊就可以從視覺上追蹤工作進度，並觀察他們的效能。

剛接觸 Scrum 的團隊通常會先嘗試舉辦衝刺規劃會議；但我強烈建議將重點放在回顧。這種珍貴的討論型式會著重在團隊接下來要改善的事項；可能是自動化，或每日 Scrum 的進行方式。團隊應將待改善的項目記錄

下來，以隨著時間逐步進行。將待改善清單上的項目一一完成，是使團隊漸趨成熟、發展 Scrum 實踐並提高交付軟體品質的理想方法。

隨著時間流逝，成功的團隊將實踐更多 Scrum 的產出物、事件和角色，直到成為一個真正的 Scrum 團隊為止。他們會將會議中的計畫與檢討分開，並堅持要有一個握有權力的產品負責人。Scrum 團隊甚至可能會開始與其他附屬團隊協調計畫。簡而言之，僅僅透過做有效的事情，就可以使團隊幾乎有如偶然般地實現 Scrum；此時《Scrum 指南》則提供了他們一個邁向卓越的框架。

自動化生產系統聽起來可能像是一種嚴謹的工程程序。但是工具往往會決定規則；因此將這樣的系統與 Scrum 相結合，能夠為團隊及其建構產品的方式帶來正面影響。比起較不成熟和使用手動方式交付的團隊，優先考慮自動化的 Scrum 團隊將能用更快的速度交付高品質的軟體。

長青樹

Jesse Houwing

想像一下：你正在開發一個軟硬體兼具的產品，而且規模很大。想像一下：該產品可以挽救生命；但如果使用不當，也可能導致死亡。這就是許多建構大型醫院設備的團隊所面對的現實。

我曾與這樣的團隊合作開發過這種產品；或者，應該說是多個團隊。當時我們有十八個團隊，他們會將工作成果整合到同一個程式庫中。當我第一次進入部分團隊所處的辦公大樓時，感覺好像走進了電腦遊戲《顫慄時空》中的研究設施——人們四處奔走；電腦、機器零件和舊版本的產品散落在四處。各種事情會在某個時刻糾纏在一起，此時團隊們會試圖將其相依性關係視覺化。

要讓許多人在不同地點和國家打造同一產品，同時又不把事情搞砸，確保不會意外加入新的、不需要的、預期外的「功能」，這需要靠許多紀律來維持。為了使程式碼至少保持一致，我們引入了持續整合（CI）系統。雖然這確保了單元或整合測試涵蓋大部分程式碼，但如果測試沒有百分之百的覆蓋率，你還是很難判斷程式是否做了不該做的事情。

於是我們在團隊辦公室和走廊上放置了一些檔案櫃，並在上頭擺了一些老舊的桌上型電腦，好在整合失敗時可以立即對於該危險狀況提出警示。如果發生這種情況，團隊將立即接手處理；因為他們知道有 199 名同事的工作會因此而被迫中斷。透過遵守紀律而不是嘗試解決此類障礙，許多問題得以迅速解決，並且隨著時間經過也出現了更好的合作方式。

人與人之間的協作是持續整合難以解決的一個部分。我們透過遵循持續整合的方法來克服了這個挑戰。

任潛在問題持續發酵而不採取任何措施，成本會比在當下立即處理要昂貴許多。我們團隊中的任何人只須傳送電子郵件到一個特殊信箱，就能使團

隊辦公室和走廊的所有螢幕都呈現紅色，並停止整合且暫停所有 199 位同事的工作。這將確實地引起所有團隊的立即反應，並派出代表解決可能的問題。團隊代表實際上會在指定地點開會，針對問題進行審查並採取行動。

如果假設的問題最終只是虛驚一場，鼓起勇氣舉報的人還是會獲得獎勵。縱使問題確實發生了，且無法提早修復，我們至少能保證將影響降到最低。如果沒能即時拉下警報，事後才說：「我早就知道了！ 我一直在試圖警告你！」這只會破壞團隊之間的信任和勇氣，相關討論也會變得更加困難。

要隨時保持程式碼整合並通過所有測試，這需要靠許多紀律來維持。要真正整合你的團隊，則需要更多的紀律和正確的溝通。

第五部分

事件與會議不同

衝刺是為了取得進展，
而不是成為新的跑步機

Jutta Eckstein

你可能已經知道衝刺是 Scrum 的核心了。衝刺是不超過四個星期的短循環週期；因此，每個採用 Scrum 的團隊都會在衝刺中進行工作。

不幸的是，有些組織真的就只是讓他們的團隊在衝刺中進行工作。他們執行的工作通常看起來是隨機的，且來自各個不同的地方；衝刺往往只是時間上獨立且不相關聯的區間。對團隊來說，衝刺比較像是跑步機，而不是幫助他們有目的地前進的一種方式。這些團隊面臨的問題之一是他們不知道工作的最終目標或總體目標，甚至是方向；他們只知道在衝刺中應做些什麼。但是，在不知道總體目標的情況下，每個衝刺都會變得毫無意義——因此也就成了跑步機。我記得一個團隊成員曾經將這種狀況描述為「持續衝刺」。這種極端的形容實際上說明了他們的衝刺並未經過規劃與衡量，只是人們做事情的一個時間區段。

但是，衝刺若未經過規劃以及後續測量，你將永遠無法得知專案的真實狀態。你無法將學到的經驗（例如在衝刺期間可以完成多少工作量）與總體目標連結在一起。因此，你只有在衝刺尾聲時才能知道總體目標是否會達成。

所以你需要規劃和衡量衝刺。團隊成員會將業務需求的功能拆分成許多任務，並評估其可否在下一個衝刺中進行。我建議檢查以下項目：

- 下一個衝刺是否有足夠的資源來完成此工作？

- 你在上一個衝刺中完成了多少工作？你可否假設下一個衝刺也能完成相同的工作量？（這種方法通常稱為「昨日天氣」。依照此方法計算出來的衝刺平均工作量會隨著時間愈來愈穩定，使你們作為一個團隊也變得更加可靠。）

如果你的資源與過去的衝刺相同，則只須再次檢查第二個項目就夠了。然而，基於休假、疾病好發季節、再次進修或其他任務指派等因素，有時資源可能會出現極大差異。

最後，你應該在衝刺結束時，衡量這次衝刺實際完成了多少工作量。首先，先慶祝你們的成就吧！接著，在規劃下一個衝刺以及更新總體目標的相關假設時，將這些衡量結果納入考量。

如何進行有效的衝刺規劃

Luis Gonçalves

你的團隊將進行的任何工作都會在衝刺規劃中被提出來討論；整個 Scrum 團隊將因此而同心協力地制定計畫。對於一個月的衝刺，衝刺規劃的時限為最多八個小時；較短的衝刺可能花費的時間更少。

在 Scrum 中，團隊的規劃方式是從產品待辦清單中挑選出工作（通常是故事），並在接下來的衝刺中全力以赴地完成預計的工作。Scrum 負責人有責任確保該事件正常進行，並且參加者皆了解其時限和目的。

衝刺規劃的目的在於組織工作，並為衝刺決定一個合理的範圍。

每日 Scrum 會議的參加者包括：

- 產品負責人
- Scrum Master（作為促進者）
- 所有其他團隊成員

團隊會一同決定他們可以從產品待辦清單中拉出的工作量。對預測有共識後，他們接下來會與產品負責人一起定義衝刺目標。

該事件的主要成果包括：

- 衝刺待辦清單：包括故事以及團隊在下一個衝刺中致力於達成的驗收標準
- 衝刺目標
- 全力以赴達成目標的團隊共識

一些小小的考量可能會幫助衝刺規劃更加有效。

產品負責人的職責是在會議之前，為接下來的衝刺目標擬定草稿（也就是理想情況下可以實現的一些業務目標）。與其他產品負責人保持一致是非常重要的，以避免與其他團隊的工作和進度產生相依性衝突。產品負責人優先排定的工作如果因為外部相依性而無法完成，這可能會使團隊感到非常受挫。

團隊成員也應該做好事前準備。在進行衝刺規劃之前，經常會有一些必須完成的研究任務；這些任務通常與架構或未來實作等問題相關。

通常，產品負責人會從審查提案的業務目標來開始會議。在會議期間，團隊會討論實作細節和不同的選項、詳細擬定驗收標準（與產品負責人一起），並估算完成每個故事所需的工作。確定團隊生產力後，團隊會協議好一至多個衝刺目標，接著就最終的故事清單達成共識。

要注意的是：團隊選擇的故事範圍經常會超出他們的能力。Scrum Master可以藉由挑戰這一點，來幫助團隊免於感到沮喪和失望。

訂定明確的議程也已被證實有效。以下是衝刺規劃議程的簡短範例：

- 團隊訂定出過去每個衝刺所完成的工作量，以及根據其能力可以完成的工作量。如果你決定不進行評估（*NoEstimates*），則這部分將以故事數量來表示。
- 產品負責人提出業務目標和期許。
- 團隊針對每個故事進行討論。
- 團隊和產品負責人協商並將選定的故事定案。一旦團隊的點數用盡，就停止規劃。
- 每個人都承諾會致力於達成衝刺目標。

衝刺目標能提供目的
（而不僅止於完成工作清單）

Mark Levison

衝刺除了完成一系列使用者故事或修復臭蟲之外，應該還能成就更多。如果你的衝刺只是在沒有目的或方向的情況下完成分散的工作清單項目，則開發團隊將需要花費更長的時間才能達到高效，而你們的努力也不會帶來太多價值。

研究結果 [1] 清楚顯示：[2] 無論是個人還是團隊行動，人在朝著目標努力的過程中能獲得更大的成就。而目標本身若足夠明確、具挑戰性且具體，就能帶來更多效益。

在 Scrum，我們會要求團隊在衝刺規劃中為衝刺設定目標。這能為整個衝刺提供穩定的方向，同時又保有可重新評估工作的彈性，以保持並最大化完成衝刺目標。這就是為什麼要為衝刺建立目標和承諾的原因。

明確的衝刺目標可以幫助開發團隊對其嘗試交付的原因和內容保持深刻的了解。透過參與設定目標能使他們產生責任感；有時還可以幫助他們找到比最初計畫更好的解決方案。目標能為每日 Scrum 提供焦點，並且在衝刺偏離軌道時提供重新聚焦的機會。最後，目標是使一群人從工作小組成長為真正團隊的關鍵要素（*https://oreil.ly/ypBsL*）。

在我的經驗中，大多數衝刺目標都不夠清楚。我見過的一些不良例子包括：

● 修復 10 個臭蟲。

1　Edwin A. Locke and Gary P. Latham, "Building a Practically Useful Theory of Goal Setting and Task Motivation," *American Psychologist*, Vol. 57, No. 9 (2002), pp. 705–17.

2　Edwin A. Locke and Gary P. Latham, eds., *New Developments in Goal Setting and Task Performance* (New York: Routledge, 2013).

- 完成 7 個不相關的使用者故事。

- 完成在 Jira 中分配給團隊的工作。（沒錯，這非常不敏捷且無效用；但是我太常看到這種做法了。）

以上這些範例都無法幫助團隊聚焦，也無法清楚說明他們要實現的目標。

那麼，衝刺目標要怎麼設定比較好呢？一個好的目標可以回答以下問題：這個衝刺能帶來什麼價值？我們是否正在嘗試解決問題？我們是要實現一項功能，還是釐清一個假設？

改善後的版本可能包括：

- 透過提高可用性和效能，將購物車的放棄率從 50% 降低到 30%。這將能解決問題；我們正在不斷失去銷售機會，因為我們的結帳體驗很差。

- 在現有的產品搜尋結果中加入篩選器，以使購買者能夠更快地找到所需的商品。這將實現一個功能。

- 提供超過 40 美元的訂單免運折扣。這將驗證一個假設：免運能使每筆交易的消費金額增加。

產品負責人應該設定衝刺目標嗎？不。他們應該帶著一些業務或產品目標參與衝刺規劃，但實際的衝刺目標應該在與開發團隊的協商過程中形成，以使大家對在衝刺中的期待和可實現目標達成共識。「可實現」指的是可以在完成的同時，保持完成定義中所承諾的品質。

Bob Galen 建議[3]：你可以想像在寫一封電子郵件來邀請整個公司參加衝刺審查；你會怎麼撰寫主題和前幾行文字來吸引他們參加？

這就是你設定衝刺目標的線索——由產品負責人和開發團隊針對衝刺預期成果所建立起的共識。

---

3 Robert Galen, "Sprint Goals—Are They Important?," RGalen Consulting (blog), Aug. 3, 2016, *https://oreil.ly/5B36I*.

衝刺目標：
Scrum 的失落之鑰

Ralph Jocham
& Don McGreal

《Scrum 指南》中曾 27 次提及「衝刺目標」一詞；這表示它是 Scrum 中的重要概念。但在實踐上，它可以說是最不被了解的 Scrum 概念。正如《敏捷宣言》中所說：

> 個人與互動重於流程與工具。

這種思維是敏捷以及團隊自我組織的基石。但是，自我組織並不會自行發生；違反直覺地，它需要定義邊界（規則）和明確目標（願景）。Scrum 框架是一組經過驗證的單純規則，可以用來處理錯綜複雜的問題。理想情況下，產品願景會在第一個衝刺之前建立，並在整個過程中不斷被提出來溝通。產品負責人須對此當責，並可以利用 Scrum 節奏對其進行強化。良好的願景可以為 Scrum 團隊提供專注於共同目標的動力。但願景無法一步到位；一路上將有幾個較小的墊腳石，這些就是衝刺目標。

> 抵達一個目標是另一個目標的起點。
> ——約翰·杜威

衝刺目標是 Scrum 實作中經常被忽略的層面。即使未被完全忽略，衝刺目標通常最終也會變成是產品待辦清單中的一組隨機項目（目標：「完成故事 # 23、 # 45、 # 48、 # 51，並解決臭蟲 # 88」）。這不是目標；這只是在顯示進度、保持忙碌，並且重視產出更勝於成果。

這通常是因為產品負責人並沒有真正「負責」產品，而只是被告知要做什麼。這導致在衝刺中進行的工作由來自不同利害關係人的零碎請求拼湊而成，沒有一個整體性的方向。

以下技巧可以幫助建立穩固的衝刺目標：

- 想像有一個 Scrum 團隊成員在走廊上被其中一名利害關係人攔住。該名利害關係人非常期待下一次的衝刺審查，並問道：「我們將看到什麼成果？」他們不會想聽你細數 12 個預測產品待辦項目的內容；他們希望聽到的是一個即將完成、更簡潔、更高階的目標。

- 對於 Scrum 團隊來說，為他們的衝刺命名是一種有趣的做法。不要使用任意名稱（例如颶風）來作為衝刺的名字；嘗試使用衝刺目標（例如「註冊衝刺」）來為衝刺命名。

- 嘗試問團隊：「此衝刺能如何使我們更接近我們的願景？」答案可能就很適合作為衝刺目標。

- 如果一個衝刺有多個衝刺目標，這很可能是我們缺乏整體性思考的徵兆。選擇其中一個作為目標就好；因為「當一切都很重要時，就沒有什麼是重要的。」

衝刺目標就是開發團隊的北極星。開發團隊會依據衝刺目標來制定計畫，也就是衝刺待辦清單。雖然北極星會保持不變，但計畫可能會需要調整以適應不斷變化的情況，從而使開發團隊提高自我組織的程度。在每日 Scrum 中，開發團隊會評估其實現衝刺目標的進度，並依據該進度來集體更新計畫；而不是進行枯燥的狀態報告會議。

在極少數情況下，衝刺目標可能會因為過時而無法產生價值。在這種情況下，產品負責人有權取消衝刺。Scrum 團隊可以立即規劃另一個衝刺，並設定新的衝刺目標。

設定實際可行的衝刺目標是極其關鍵的；因為沒有明確目標的衝刺只會使你更快地抵達錯誤的目的地。

每日 Scrum
是開發者的敏捷心跳

James O. Coplien

敏捷的核心就是對不斷變化的產品需求做出反應的能力。為此,打造該產品的人們必須要密切互動。

Scrum 在多個時間尺度上都是敏捷的。我們的衝刺具有客戶協作和頻繁交付的能力。衝刺從衝刺規劃開始,團隊會為即將到來的開發週期制定工作計畫。但是衝刺規劃並不是最終結論。透過研究如何最好地實現預期的增量,團隊每天都在了解產品。每日 Scrum 是 Scrum 團隊的敏捷心跳;開發人員每天可以在其中重新計畫他們的工作。

簡而言之,該事件是開發人員的全體會議,時限為 15 分鐘。開發人員會重新計畫接下來將要進行的工作,直到下一個每日 Scrum,或甚至更久以後。為了做到這一點,他們必須迅速就當前的開發狀態以及可能遇到的任何障礙達成共識。有一些團隊(尤其是新團隊)可能會使用著名的「三個問題」來檢查當前狀態和期望的路線;但這些對於每日 Scrum 來說既不足夠,也沒有必要。至於站立會議?它只是用來提醒保持會議簡短。就算你坐下,Scrum 警察(Scrum Police)也不會提醒你;因為最初激發出此實踐的 Borland 每日會議也不是站立會議。

變化很少是連續的,但在某些時間粒度上是離散的。每兩週檢查和調適一次太少了。而且,儘管產品會隨著每個細微的開發行動而變化,但同步過於頻繁也很煩人且沒效率。人類是有節奏的動物;而一天是自然的人類循環。

在衝刺期間,團隊將依照計畫路線來實現衝刺目標——這是一個協議好的、可衡量的基準,通常反映了業務需求。

開發人員的衝刺待辦清單是為實現衝刺目標而制定的工作計畫。衝刺目標至關重要；開發人員會致力於實現衝刺目標，但不一定要遵循衝刺待辦清單。如果他們在衝刺期間找到了更好的功能實作方法，則可以自由更改工作計畫。如果新的做法能夠增加實現衝刺目標的機會，則團隊會諮詢產品負責人（PO）以變更預測範圍。

每日 Scrum 是開發人員的會議，那麼產品負責人或 Scrum Master 應該參加嗎？也許。不成熟的團隊可能會需要 Scrum Master 的指引，以維持會議的範圍、目的和時限規則，並減少較不重要的討論以解決障礙，或其他與實現衝刺目標沒有直接關係的主題。一個不成熟的團隊可能很容易就聽從產品負責人的微觀管理指揮；因此在團隊建立足夠的信任度和成熟度之前，最好避免任何產品負責人的干預。

有太多團隊將每日 Scrum 當作敏捷實踐預備的相容替代品了；但這不是報告會議。如果開發人員需要與產品負責人或 Scrum Master 溝通，他們可以隨時這麼做而無須開會。每日 Scrum 不僅僅是回答三個問題而已，也不是集體擁抱的鼓勵時間。每日 Scrum 是團隊用來確認每日進度，並檢查和調適其實現衝刺目標的方式，以交付價值的一種方法。

衝刺審查不是一個階段關卡

Dave West

團隊使用 Scrum 來解決錯綜複雜的問題；方法是將工作分解成小的增量、進行工作以建立該增量，然後檢查結果以潛在地改變未來的工作並追求不同的成果。Scrum 透過工作和交付價值來逐步學習，從而幫助團隊學習並擴充他們的知識和能力；這是經驗主義流程的本質。

Scrum 的節奏和流程很容易理解。團隊在衝刺中進行工作，在衝刺規劃事件中規劃衝刺目標和工作，並在衝刺審查中審查衝刺成果。衝刺審查關注產品增量，也就是衝刺的有形輸出。

許多組織會將衝刺審查視為一個階段關卡（phase-gate）；工作會在此時被判定是否「審核通過」。這樣做會限制可以改善未來成果的學習，從而降低衝刺審查的價值。最好的衝刺審查實際上應由客戶來使用產品增量並進行評估，然後根據真實資料和體驗進行審查。對於軟體產品，這可能意味著讓客戶使用，並收集其體驗的相關資料和回饋。

將衝刺審查視為階段關卡可能會造成兩個影響：

1. 對利害關係人隱瞞非預期或甚至負面結果，從而降低透明性。如果利害關係人會透過衝刺審查會議來決定是否發佈產品增量，並根據欲發佈的產品增量來衡量 Scrum 團隊，則該團隊就有動機對利害關係人隱瞞非預期的資訊。這不僅會減少團隊與利害關係人之間的對話，還可能會發佈對組織有害的「內容」。

2. 降低真實客戶和使用者提供回饋的能力，從而降低學習價值。每個人可能都認為他們知道使用者將如何使用功能；但是在功能實際交付到使用者手中之前，這些想法都只是意見。透過讓使用者儘早使用增量，就可以在衝刺審查中討論使用者回饋，並為該次審查增加更多價值。

　　　　　　　　　　　　　Scrum 實踐者應該知道的 97 件事

若要改善衝刺審查，團隊應提高衝刺中的學習速度，並將衝刺審查的重點放在與利害關係人的共同見解上。這能增加衝刺審查的價值，也能更快地將價值交付給客戶。簽核和其他管理任務應僅作為衝刺期間工作的一部分。在完成定義中記錄所期望的產品品質，是確保透明性的一種好方法。

將規劃和審核從發佈決策脫鉤，能提供團隊在需要時發佈的彈性。透過這麼做所收集到的學習經驗，可以推動更有效的衝刺審查和衝刺回顧。更加頻繁地發佈也能給發佈過程加諸更多壓力，從而消除障礙並推動改進。

透過將衝刺審查的重點放在檢查上，規劃流程的重點會轉移成透過儘快交付價值來獲得最大的學習經驗；品質和管理等挑戰則會成為自動化、協作或改變團隊組成的機會。這麼做的結果是會產生一個持續的學習過程。衝刺提供了一種有助於降低透明過程之錯綜複雜性的節奏。

衝刺審查的目的
就只是為了收集回饋

Rafael Sabbagh

衝刺審查會議開始了；同時衝刺也即將結束。開發團隊和產品負責人準備向客戶及其他利害關係人展示他們在衝刺期間所建構的成果。參加者觀看並聆聽，但除了在展示之後的問答時間中問一些基本問題之外，他們沒有多說什麼。最後，他們核准完成的工作，並給予讚賞後離開。會議結束了，而且被認為是成功的！

另一種情況是客戶和其他利害關係人不核准工作成果。他們沒有給予掌聲，反而對其表示不滿。他們離開後，留給在場的人一種會議失敗的感覺。

你對上述的情境有熟悉感嗎？老實說，我只想像得到一種更糟的情況，那就是客戶和利害關係人不出席會議。

本質上，這兩種情境所遇到的問題是相同的。團隊有任何線索可以得知客戶和其他利害關係人是否理解所展示的內容嗎？他們在看到展示成果的那一刻，真的在乎所看到的東西嗎？如果產品在發佈後無法滿足他們的需求，他們仍然會不在乎嗎？

在 Scrum 中，衝刺審查的目的並不是為了獲得衝刺中所完成工作的正式核准（或退回）；比起獲得讚賞或「核准」印章，它有更為重要的意義。實際上，衝刺審查甚至不是一場用來交付或交接任何東西的會議。衝刺審查會議的目的是為了收集在衝刺中所產生之產品增量的相關回饋。作為一個團隊，你會想了解客戶和其他利害關係人喜歡什麼、不喜歡什麼；他們忽略了什麼，以及他們期待增加什麼。團隊需要這些回饋，以便在下一個衝刺中調整產品。他們可以新增、刪除或微調功能，並提高穩定性。只要中心不變，他們甚至可以在需要時徹底改變方向。鼓勵客戶和其他利害關

係人在衝刺審查中提供回饋，是符合開發團隊和產品負責人的利益的；因此這也是他們的專業義務。除了觀看展示之外，邀請客戶和利害關係人直接使用產品；如此即可觀察他們並了解產品的實際使用狀況。鼓勵他們隨時發問；透過詢問他們替代作法，來激發他們的創造力。

如果客戶或利害關係人發牢騷，表現出他們的不滿，或者指出某些東西並不是他們認為正確的方法，那該怎麼辦呢？不要試圖進入防禦模式；要為此高興。因為這是非常重要的回饋；你剛剛得到了有機會改進產品的重要資訊。這就是為什麼我們要透過頻繁的審查和發佈，來逐步開發和演化產品的原因。實際上，這才是可能的最佳降低風險策略，不是嗎？

停止問客戶：「客戶，你們可以核准我們的工作成果嗎？」改問：「客戶，這是你們的時間！對於我們即將分享的內容，你們認為有什麼是我們可以更改或增加的，以確保能滿足你們的需求？」如此可以幫助參與者了解衝刺審查的目的。

只有展示不夠──
實際部署以獲得更好的回饋

Sanjay Saini

前一陣子，我與一個 Scrum 團隊合作，為製造業的客戶打造產品。我們開發的軟體產品將應用於他們的物料處理活動，並部署在給推高機操作員使用的平板電腦上。他們的工作是將帶有條碼的硬體物料，從一個架子移動到另一個架子上。在執行此操作時，他們必須更新物料的新位置，以及該移動物料的其他詳細資訊。這是一個百分之百的觸控系統，不會使用到滑鼠或外接鍵盤。

團隊根據最初的需求開始開發。我們得以在短時間內向使用者展示線框稿（wireframe），並得到了他們的支持。我們進行了出色的衝刺審查，甚至還向客戶和使用者展示了額外的內容。我們從他們那裡得到了重要的回饋，值得在接下來的衝刺中納入考量。總而言之一切順利；我們取得了良好的進展，包括廠長在內的所有參與者都非常興奮。到了部署當天，我們將軟體部署上平板電腦，準備好讓堆高機操作員使用。

但出乎意料地，我們很快就發現操作員無法使用這個很酷的新軟體；儘管它在技術上擁有高品質的水準，而且經過團隊反覆的審查。每個人都忽略了一個事實：基於安全準則，操作員必須戴上專用手套。很不幸地，在將軟體部署到實際的平板電腦上實際使用後，我們發現按鈕太小了；只要戴著手套就無法選擇並按下所需的按鈕。我們必須將軟體退回到舊版本，並開始重新設計所有畫面。在與開發團隊的所有討論中，沒有任何人提到過這一點。

那是很久以前在製造業環境下發生的事了。但是，這讓我學到了重要的一課。從那時開始，不管產品環境為何，我面對任何專案都謹記著此一教訓。

無論是在衝刺審查之中或之後，軟體展示本身就是獲得早期和頻繁回饋的良好實踐；但是它無法取代從實際使用者的實際使用中獲得的資訊。我觀察到在衝刺審查中，通常都是由團隊或產品負責人（而不是客戶和使用者）在使用和控制軟體。這容易導致所展示的內容是團隊和產品負責人想要展示的，而不一定是客戶需要看到或知道的。在衝刺審查中，所開發的軟體經常是由團隊來控制，並在安全的環境中向客戶展示。

我對 Scrum 實踐者的個人建議是：將控制權交給你的客戶或終端使用者。讓他們使用你的產品並提供回饋；而這在模擬或實際終端使用環境中運作的效果最佳。

進行衝刺回顧並將其結構化

Steve Berczuk

「檢查和調適」充斥在 Scrum 框架中的各個層面；Scrum 中的所有事件都是檢查和調適過程中的一環。其中有兩個事件標記出特定的回饋時機：一個是衝刺審查；在此期間團隊會「檢查」產品的開發工作以調整計畫（產品待辦清單）。另一個是衝刺回顧；在此期間團隊會檢查其流程以在下個衝刺中進行調整。在所有 Scrum 事件中，衝刺回顧通常最不被考慮，也最不被重視。它們通常會被跳過、壓縮，或以一種無法提供最佳回饋的方式進行；它們經常會因為成本考量而被取消。但諷刺的是，衝刺回顧如果經過良好的組織，會是最能充分運用團隊時間的事件。

我參加過很多回顧。這些回顧都是短暫且未經結構化的；這樣的組合幾乎能保證永遠不會產生有用的結果。有價值的回顧是找出團隊所面臨的挑戰和成功，並提出團隊可以執行以改善流程的行動。這樣做需要一個使每個團隊成員都願意參與的環境，並且參與者可以篩選主題以討論更重要的話題，而不是最先提起的話題。

一個有效的回顧須具備結構和促進者。我喜歡 Esther Derby 和 Diana Larsen 在《敏捷回顧》（*Agile Retrospectives*，2006 年 Pragmatic Bookshelf 出版）一書中所描述的五部分框架。這五個部分為：設定階段、收集資料、產生洞見、決定要做什麼，以及結束。該框架提供了一個清晰的結構，有助於建立起一個人們願意積極參與的環境。在這個環境中的討論將促成可行動項目，並最終成為真實問題的解決方案。

你也可以使用其他方法；但是有效的衝刺回顧始終需要三個關鍵要素：一種確保參與度和安全性的方法、一種將想法精煉和排優先序的方法，以及具體的行動項目。我也喜歡以「讚賞」來作結，以讓團隊理解每個人都是如何貢獻價值的。

以一種鼓勵參與的儀式開場，並將重點放在改善而非責備；這能使人們產生安全感，甚至願意提出最困難的挑戰。遵循一種結構化的方法來收集問題、依問題的關聯性分組，並確定討論的內容；這有助於確保團隊解決須要解決的最重要問題，而不僅僅是同事之間聊天而已。可行的具體行動項目是確保團隊（和管理層）在衝刺回顧所花費的時間中看到價值的最佳方式。

管理人員和技術人員通常會認為，與交付之類的其他工作相比，獲取回饋和制定流程變更計畫相對容易多了。但要使大家相信回顧能夠產生有意義且可行的變化是很困難的。一個良好的回顧不僅僅是問「怎麼了？」讓大家發洩情緒，然後迅速進入下一個衝刺這麼簡單；具有一定的結構可以幫助團隊專注並提高工作效率。建立良好的回顧習慣需要時間。你需要承諾在每個衝刺的結尾都進行回顧（並持續好幾個衝刺），以使團隊（和管理層）有機會看到回顧的價值，並認知到其不僅可以進行，還是極度必要的。

最重要的事
與你所認為的不同

Bob Hartman

有許多詞可以用來形容一個失敗的 Scrum。在 Scrum 初期有 *Scrum-but*；另外還有暗黑 *Scrum*（*Dark Scrum*）；有些人會使用瀑布式 *Scrum*（*Scrummerfall*、*Water-Scrum-fall* 或 *WAgile*）一詞。這些詞所描述的問題可能截然不同，但最終結果是相同的：組織錯誤地運用 Scrum，使得結果無法達到預期。大多數的敏捷教練會說：「如果團隊沒有邁向成功，就代表他們的作法是錯的。」這個觀點也許正確，但解決方案是什麼？

在我的經驗中，要提高成功運用 Scrum 的能力有一個關鍵。這個關鍵很明顯，但是大多數組織都完全忽略了；那就是 Scrum 的設計吸收了來自經驗流程控制的透明性、檢查性和調適性之回饋循環。Scrum 中的所有內容都圍繞著經驗主義的三大支柱。Scrum 成功的關鍵就在於持續關注這三大支柱。團隊對產品負責人、利害關係人和客戶是否真正保持透明？每個人都有誠實地檢查所建構的**內容**以及建構**方式**嗎？產品待辦清單和工作方式是否有根據這些檢查的結果來進行調整？我看到的團隊通常都沒能做到這三點。這就是為什麼《Scrum 指南》會說 Scrum 很單純，但並不簡單。

「解決方案是什麼？」這是一個值得回答的好問題。在我經過認證的 ScrumMaster 工作坊中，我會確保從圍繞問題和解決方案的練習開始。我會利用此練習來說明，Scrum 中最關鍵的就是進行有價值的衝刺回顧；換句話說，使用衝刺回顧來持續改進。如果你不使用衝刺回顧來持續改進，那麼你就無法調適；你將永遠無法獲得 Scrum 的全部好處。許多組織忽視了對持續改進的調適是 Scrum 不可或缺的一部分。Scrum 的重點在於學習和改善；它被設計來找出需要修復的缺陷。忽略這三大支柱中的任何一個都會造成災難；但以我的經驗來看，調適性是最容易被忽視，且方法正確的話是最有價值的。

說到這裡，讓我們來談談其他兩個支柱；我們在透明性和檢查性方面也有問題。舉例來說，如果有人被問道：「我們的專案正在進行中；你完成了多少百分比？」可能的答案會是：「50％！」這是基於恐懼的反應，不太可能是真實的。為了克服這種傾向，我們必須要營造一個無批判性並鼓勵開放性的環境。因為我們都在同一艘船上；沒有人會因為其個別結果而受到批判。

至於檢查性，記得要讓合適的人來進行檢查。Standish Group 的 CHAOS 報告已持續將使用者、客戶和利害關係人的參與程度，評為專案成功的主要關鍵之一。我們須要使團隊更加貼近使用者，以便從工作檢查中獲得有效的回饋。

每個團隊都應該關注如何提高透明性、改善檢查能力，且不害怕調適。首先可以從有效地進行衝刺回顧開始！

第六部分

精熟度至關重要

了解 Scrum Master 的角色

Luis Gonçalves

Scrum Master 就像是 Scrum 團隊中的燈塔；該團隊的組成（除了 Scrum Master 之外）包含產品負責人和開發團隊。Scrum Master 會根據 Scrum 框架的原則來為團隊提供指引。

Scrum Master 的職責在於支援三種角色：產品負責人、開發團隊和組織。

在此過程中，Scrum Master 的角色包含了三個高階概念。

1. Scrum Master 作為改變觸發者

Scrum Master 在任何組織中都是重要角色。Scrum Master 對團隊的日常工作進度有深刻的了解。

Scrum Master 是衝刺回顧的促進者，使趨勢和重複出現的問題得以揭露。

儘管知道問題只是促成改變的其中一步，但 Scrum Master 知道組織中必須進行哪些改變以幫助團隊改進。Scrum Master 通常會成為運用障礙板等各種問題解決工具，來建議組織進行必要改變的角色。

2. Scrum Master 作為僕人式領導

《Scrum 指南》將 Scrum Master 定義為一種僕人式領導。作為僕人式領導，須要讓其他人參與決策；行為必須具有強烈的道德感和關懷特質；能在改善組織的同時，幫助促進團隊的成長。

3. Scrum Master 作為鏡子

Scrum Master 是團隊的「鏡子」，這一點很重要。在 Scrum Master 的幫助下，團隊得以確認他們所做所為是否有反映出 Scrum 和敏捷的價值。

透過團隊的反省，團隊成員可以接收到來自 Scrum Master 的開放性問題；這些問題將促使團隊整體進步。

一些小小的要點可能有助於 Scrum Master 增加團隊的效益。在公司擔任 Scrum Master 的前幾週，你有幾個可以進行的首要行動項目。這些項目若定期進行也會很有幫助：

- 與團隊成員安排一對一談話，以收集他們對團隊和公司最關心之事的看法。

- 舉辦研討會以幫助釐清每個人的角色、義務和期望。

- 建立教練式領導聯盟以反映你在團隊中的工作。

- 進行利害關係人對照練習，以了解組織中與團隊工作密切相關的人員。

- 制定團隊政策以保持基本的工作禮儀。

- 舉辦為期一天的團隊凝聚工作坊，以建立團隊合作、原則、價值觀和產品願景。

- 為團隊建立成就牆來慶祝他們的勝利，並激勵他們為更多的勝利而奮鬥。

- 建立榮譽牆來幫助團隊成員表現出對彼此的讚賞。

- 建立障礙板以視覺化在組織中欲解決的障礙。你可以邀請團隊來幫助你。

- 建立實踐社群作為輔助框架，以加強公司中跨職能團隊的學習氛圍。

我如何學會
Scrum Master 與我本身無關

Ryan Ripley

在擔任 Scrum Master 時，你必須面對一個殘酷的事實：這與你本身無關。

在認知到這一點時，我有好幾個夜晚無法成眠；因為我花了一年多的時間才從專案經理轉型成 Scrum Master。在做專案經理時，我是焦點中心；我擬定的計畫將幫助團隊抵達終點。我會上台向指導委員會報告；我是展示軟體成果並回答問題的人。偶爾當我不了解具體的技術細節時，我會要求開發人員提供協助。有人遇到預算問題嗎？這我也能處理。

作為一名 Scrum Master，我的經驗告訴我必須改變；而我也的確逐漸在改變（主要在於對自己的滿意程度以及壓力水平的改善）。

產品負責人擁有設定產品策略、戰術和財務流程的權力；開發團隊須對交付和品質當責。包括 *Scrum Master* 在內的任何人，都無法告訴開發團隊該如何最好地完成他們的工作。當大家注意到我開始制定上述規定時，利害關係人不再打電話給我，而是直接向產品負責人或開發團隊提出他們的問題（當然是在協作式的衝刺審查事件中）。

回顧過去，我意識到我須要成為一名僕人式領導。以下是僕人式領導的一些準則，可以幫助我更好地理解其概念：

- Scrum 團隊的成功遠比我個人的成就來得重要。
- 一名僕人式領導是否成功，是透過團隊其他成員的發展程度來衡量的。
- 選擇跟隨僕人式領導的人是因為受到啟發，而不是因為被要求這麼做。

當 Scrum Master 無法良好地實踐僕人式領導時，反模式就會出現：

沒有實驗能力。

當 Scrum Master「解決」了團隊所有的問題時，Scrum 團隊將無法學習如何進行實驗；他們會失去練習自我組織的機會。

Scrum 團隊成員淡出。

當 Scrum Master 以專案經理的方式行事，團隊就會變得冷漠。疏離的團隊可能會導致團隊內部的知識孤島，從而使其變成一群個別貢獻者，而不是一個真正的團隊。

團隊整體的概念受到影響。

產品是由 Scrum 團隊的每個成員所共同負責的。如果一名 Scrum Master 像英雄一樣解決了所有問題，則 Scrum 團隊將依賴於此英雄行為。透過教練式領導來協助他人解決問題和障礙，有助於確保團隊共同成長、成熟並獲得成功。

Scrum Master 的角色是很錯綜複雜的。如果我們實現僕人式領導，那麼好事情就會發生；如果我們躊躇，就會出現反模式，團隊合作精神就會受損。要成為一個完全擁抱僕人式領導的專業 Scrum Master，我認為必須具備以下三點：

- 以真誠的服務之心來愛你的團隊。
- 分享你希望團隊如何獲得巨大的成功。
- 絕不姑息會阻礙團隊獲得巨大成功的任何事物。

思考一下你實踐了多少僕人式領導的準則。你能擴大其中一個特質嗎？很好，這個世界需要更多人意識到：作為一個 Scrum Master 與你自己本身無關。

僕人式領導須從內部開始

Bob Galen

以下是《Scrum 指南》中有關 Scrum Master 的一些片段：

> *Scrum Master 是 Scrum 團隊的僕人式領導。*
>
> *Scrum Master 透過多種方式為產品負責人服務，包括…*
>
> *Scrum Master 透過多種方式為開發團隊服務，包括…*
>
> *Scrum Master 透過多種方式為組織服務，包括…*

很明顯地，服務是 Scrum Master 角色的基本精神。但是，這些以服務為主的焦點缺少了一個我認為最重要的東西。

我們常說敏捷領導是一項由內而外的工作。領導者須要從內部開始為自己服務，檢視自己的優勢、需求和目標，然後使自己符合敏捷原則和 Scrum 價值觀。如果願意的話，讓這些原則和價值觀深入自己的 DNA 和骨髓；如此可以使自己擁有正確的心態，並成為良好的敏捷領導者。

我認為 Scrum Master 也適用相同的概念；他們經常會過於專注於為他人服務而忘記自己。

以下是一些 Scrum Master 為自己服務的範例。

他們給自己好奇的機會和空間，以提出問題並增進理解；以探索事物；以撒下廣闊的魚網並觀察其所帶來的可能性。當他們發現新事物時，不會覺得必須立即採取行動。也就是說，他們可以先稍微沉浸在發現新事物的喜悅之中。

他們給自己恢復的空間。面對現實吧：有各式各樣的原因使得這個職位可能具有極大的挑戰性。有可能是團隊真的難以找到適合他們的 Scrum 實

踐方式；也可能是組織一次「指派」了四個團隊給他們指導。他們讓自己有足夠的時間放鬆而不感到內疚。為了自己，也為了重要的他人，他們會保持充足的睡眠和休息。

他們賦予自己尋求幫助的權利，而且是無條件的幫助。舉例來說：如果團隊中的某人確實成為了一個難以處理的問題，他們會向其他 Scrum Master、領導者或教練尋求幫助；而且他們覺得這麼做是安全且受到鼓勵的。如果他們不知道某些事情，他們有勇氣（和安全感）說：「我不知道。」接著他們會尋找可以幫助他們學習和成長的角色楷模和指導者。

他們透過促使自己抽離角色來為自己服務。他們使自己能夠忽略情況以檢視發生了什麼事；以不對問題採取立即行動；以檢視是否有其他人可以解決；以看看可能會出現什麼；以避免總是感覺有責任要服務和行動，而是讓他人也有機會成為 Scrum Master 或精通 Scrum。

他們透過尋找寧靜的空間來為自己服務，以讓自己安靜下來；以讓自己換個環境。舉例來說：在一天中找個時間去散散步；留出空間來在一個下午安靜地看書，以尋找新點子和角色發展的靈感；或者留出空間來思考如何讓團隊的效率更上一層樓。

我相信僕人式領導是 Scrum Master 主要的心智模型之一，但是其中很重要的一部分是首先為自己服務。當 Scrum Master 全心全意地做到這一點時，他在 Scrum 團隊中將變得更加全面和平衡。

邊線上的宮廷小丑

Marcus Raitner

總體而言，僕人式領導（尤其是 Scrum Master 的角色）是被嚴重低估的；因為這種新領導形式的影響較不直接。他們就像園丁一樣，為成功的合作創造條件。Scrum Master 的價值就像在足球比賽過程中站在邊線的教練一樣，很容易被忽略。遲早 Scrum Master 都會因此被要求進行「真正的」工作；就像希望教練進到足球場裡踢球一樣。如果 Scrum Master 不夠了解自己實際的職責或試圖避免衝突，就會接受這種要求。於是對於系統更加重要的長期工作，以及組織的持續改進就會被擱置。但是不會有人注意到這件事；因為每個人都在忙於進行「真正的」的工作。

你是否曾經歷過 Scrum Master 被當作萬事通一樣地濫用？畢竟，Scrum Master 應該要「幫助」團隊和產品負責人；《Scrum 指南》就是這麼說的！當然，這包括在團隊中進行一些工作，或至少幫忙分擔一些煩人的專案管理任務，像是撰寫報告和文件等。

就算上述所言是正確的，但這麼做真的有幫助嗎？

Scrum Master 應該要負責處理障礙，對吧？沒錯，《Scrum 指南》中有寫道：「消除開發團隊進度的障礙。」而且 Scrum Master 應為團隊、產品負責人和組織服務。確實，《Scrum 指南》中也再次闡明，這應被理解為僕人式領導——只是目的在於協助團隊自助。

我們經常遇到的一種障礙是開發團隊為狀態報告所困擾。這是 Scrum Master 要解決的一個障礙；但是實際的功能失調並不會因為 Scrum Master 接手處理團隊的報告而解決。真正的挑戰是要揭露此報告要求會減慢團隊速度，且無法為其開發工作帶來價值。接著，與狀態報告的接收者一起找尋更好的方法，以滿足他們真正且合理的利益。

經驗不足的 Scrum Master 會害怕處理他人的要求以及其角色實際當責之間的衝突。要辜負這樣的期望絕不是件容易的事；尤其是 Scrum Master 可能會因此被指責讓團隊失望和逃避責任。許多 Scrum Master 對這樣的狀況已習以為常；他們或多或少樂於被推上球場，而為此總是需要一些急迫性。但如果這麼做，這些 Scrum Master 就忘記了在系統上看似不太緊急、但更重要的長期工作。

討好他人和避免衝突並不是 Scrum Master 的工作。Scrum Master 的工作應在於質疑並解決無用的組織實踐，以及組織與團隊之間的相關互動。Scrum Master 如果要以現代宮廷小丑的姿態來運作系統，則必須有正確的觀點和必要的獨立性才可能成功。這就是為什麼 Scrum Master 應站在邊線上的原因。

我希望全球各地的 Scrum Master 在被誘惑或被迫去做「真正的」工作時，能牢記這一點。

作為教練的 Scrum Master

Geoff Watts

教練式領導永遠都會是 Scrum Master 角色的一部分；這是因為自我組織團隊的僕人式領導一直都是 Scrum 的一部分。但是，早在 2001 年 Scrum 首次開始受到關注時，很少有人了解「教練式領導」的含義。

儘管現在已有了很大的進步，但是 Scrum Master 角色在教練式領導方面仍然存在著困惑和許多不一致之處。

根據國際教練聯盟（ICF，一個與 Scrum 或任何 Scrum 組織無關的專業教練領導機構）的說法，教練式領導是（*https://oreil.ly/qRiNn*）：

> 透過和客戶發人省思與富創造性的合作探索過程中，啓發客戶發揮出最大的個人與專業潛能。

國際教練聯盟繼續說道：「教練式領導的過程並不包含建議或諮詢，而是側重於幫助個人或團體設定或實現其目標。」

我覺得這個定義很重要。因為若要成為一名能帶來成效的 Scrum Master，我會遵循專業的教練式領導方式；而我所領導過的許多出色的 Scrum Master 也是這麼做的。

我堅信，任何教練都應積極協助客戶培養獨立性；優秀的教練不會使客戶對其服務產生需求。同樣地，在我所著的《Scrum 精熟度》（*Scrum Mastery*，2013 年 Inspect & Adapt Ltd 出版）一書中，我對 Scrum Master 提出了兩項基本建議：

1. 詢問團隊。

2. 使自己成為多餘的角色。

Scrum 旨在幫助團隊和組織應對錯綜複雜性。在錯綜複雜的工作中，我們很難預測需要做的事情，或如何以最佳方式完成。而變動會定期且快速地發生，因此我們必須擁有自主權；我們沒有時間等待問題送交給管理上層決策後再傳遞回來。

在這樣的工作中，管理上層的最高決策者也不可能比實際做事的人更了解狀況——事實上，幾乎可以肯定他們所知道的比開發團隊的集體知識要少！

因此，管理的工作在於提供僕人式領導。他們必須要創造一個環境，使有技能的人可以完成工作；同時也擁有信心和支援，可以做出必要的決策和實驗以找出解決方案。

這可以透過教練式領導來達成。向團隊和團隊成員提出問題，以幫助他們思考並做出決策。我在我所著的《產品精熟度》（*Product Mastery*，2017年 Inspect & Adapt Ltd 出版）一書中，談論到可以依循「CHILD」法則來提出問題。這些問題包括：表現出真正好奇心和謙虛的問題、有助於闡明團隊狀況的問題、挑戰我們對限制之假設的開放性問題，以及觸及我們所做之事核心的直接問題。

一個能夠作為教練來參與團隊的 Scrum Master，將能在錯綜複雜、不可預測且瞬息萬變的工作環境中獲得成功。

作為技術教練的
Scrum Master

Bas Vodde

我遇過最優秀的 Scrum Master，會花費一部分的時間作為技術教練來協助他們的團隊。但很可惜的是，大多數的 Scrum Master 似乎都不會這樣做。在我看來，這等於放棄了一個機會；因為提供教練式技術領導（technical coaching）能為團隊提供極大的協助，同時也可以幫助自己完成其他 Scrum Master 的職責。

多數人在聽到我建議 Scrum Master 可以（甚至應該）進行教練式技術領導時，通常會感到驚訝。但這沒什麼好驚訝的！在《Scrum 指南》中並未明確提到教練式技術領導，這是因為編撰者意欲使其同時適用於技術工作與非技術工作。因此，教練式技術領導在其中僅被描述為「幫助開發團隊創造高價值產品」；這是很可惜的。但是，有一些優秀的 Scrum 資源確實明確提到了教練式技術領導；例如 Michael James 的〈Scrum Master 的檢查清單〉（Scrum Master Checklist，*https://oreil.ly/1J1io*）。在清單中，Scrum Master 的四個重點部分之一是：「我們團隊技術實踐的情況如何？」

Scrum Master 提供教練式技術領導能帶來三大好處：

- 改善團隊的開發實踐。
- 體驗團隊面臨的實際問題。這可以幫助你決定團隊、產品負責人和組織改進工作的重點。
- 更新你的技術能力。

Scrum Master 可以「進行」許多活動。以我自己作為 Scrum Master 的經驗來看，這包括：

- 與團隊成員結對（這是最常見的活動）；只須在每日 Scrum 中宣布當天你想結對的對象即可。

- 設定好你的電腦，以便進行建置和執行測試。

- 重構一些測試和程式碼，並舉辦團隊分享會。

- 建立一些單元或驗收測試。

- 舉辦技術性敏捷開發實踐的相關研討會；使用團隊的程式碼作為範例。

在此過程中，最大的風險是過於涉入參與設計決策；因為團隊可能會開始對你的貢獻產生依賴。你可以透過以下方式來避免這種情況：

- 不要將你的開發時間納入衝刺計畫中。

- 不要從衝刺待辦清單中接攬任務。

- 避免做出決策。當你被詢問意見時，請提供多種選擇，並不斷提醒團隊他們才是真正的決策者。

作為一名擁有開發經驗的 Scrum Master，提供教練式技術領導並非難事；你只需要為其安排好優先順序與計畫即可。你可以每週選擇一兩天來專注進行。如果你覺得工作切換可能會增加困難度，你也可以專門安排一個衝刺來進行教練式技術領導，並試著限制其他 Scrum Master 活動。

如果你沒有開發經驗，可能就得多下點功夫。你可以在擔任團隊 Scrum Master 的同時，學習開發的基礎知識，以及敏捷開發實踐的目的。你可以向你的團隊尋求幫助；告訴他們：「我想提升自己的開發技能，你能幫我嗎？」與團隊共同擬定計畫，並花時間學習。多花點時間在結對上，但避免問太多問題；因為這會使你結對夥伴的工作速度變慢，並開始覺得麻煩。

祝福你在作為 Scrum Master 時，所提供的教練式技術領導能順利進行。希望你能像我一樣從中受益。

Scrum Master 不是障礙獵人

Derek Davidson

在敏捷領域的二十年中，我聽到了一些關於 Scrum Master 角色的有趣觀點。其中一個觀點是：Scrum Master 應該在適當的情況下請開發團隊成員離開團隊；例如：當他們成為團隊其他成員的「障礙」時。

如果你覺得這很奇怪，你其實不孤單。我做了一些研究；以下是我所蒐集到支持這種 Scrum Master 行為的論點。

如果團隊中長期且持續存在一名績效不佳之成員，那麼此團隊正面臨一個障礙。當開發團隊無法自行解決障礙時，Scrum 框架下的 Scrum Master 就應負責移除該障礙。因此，Scrum Master 可以在必要時要求發人員退出 Scrum 團隊。

從理論上講，這個推理是正確的；它與《Scrum 指南》中所述一致。但是，這似乎也使 Scrum 變成如同披在「命令與控制」實踐上的華麗外衣，實際上與 Scrum 的精神背道而馳。

我在閱讀《Scrum 指南》時，其中章節〈Scrum Master 為開發團隊提供的服務〉中的第一個項目吸引了我的目光。項目內容寫道：「在自我組織和跨職能方面，為開發團隊提供教練式領導。」

若要在「請開發人員退出團隊」的場景中為開發團隊提供教練式領導，我會建議請一位專家來提供協助。為什麼不考慮向工作心理學家或工作教練尋求幫助呢？因為專家可以分享技能，使開發團隊有能力自己解決問題；而作為 Scrum Master 的你也可以從中學習。

回過頭來反思最初觀點，我認為該觀點以一個極端案例為根據，建立了一個危險的先例：Scrum Master 有權在 Scrum 中做任何事情。只要將問

題標記為障礙、說明開發團隊無法自行解決問題，接著就可以採取 Scrum Master 想進行的任何措施：

- 不同意「完成」的定義？障礙！下一步：這是我為你想好的版本。

- 不同意某項評估內容？障礙！下一步：這是我們評估後的結果。

當有多個方法都符合《Scrum 指南》時，你要怎麼辦？很幸運地，我們有機會可以向《Scrum 指南》的作者請教。因此我將以 Ken Schwaber 的回應為這篇文章作結（*https://oreil.ly/bBz2-*）：

> *Scrum Master* 可以進行教練式領導、教導、建立學習環境、進入蘇格拉底式對話，以及培育。但是，他無權管理 *Scrum* 團隊的其他成員。

障礙剖析

Len Lagestee

《Scrum 指南》指出，Scrum Master 有責任消除團隊的障礙；但究竟什麼是障礙？有字典將障礙定義為「做某事時遇到的妨礙或阻礙」。從 Scrum 的角度來看，「做某事」是在流動和敏捷生態系統中生產並交付有價值成果的能力；「妨礙或阻礙」則有許多不同的類型。

任何在系統中壓縮流動力或限制拉式機制（pull）的事物

Scrum 團隊成功的標準是根據滿足客戶需求的程度和頻率而定的。凡是使我們無法以最小程度之阻力來為客戶提供服務的障礙，都可以總稱為摩擦（*friction*）。摩擦有多種形式和大小：

- 流程障礙：例如不必要的批審關卡和防禦性流程（例如測試簽核或治理委員會）。它們的存在呈現出一個不信任的環境。

- 舊體制障礙：例如領導決策升級（leadership decision escalation）和狀態報告。它們的存在代表組織尚未完全擁抱敏捷環境。

- 能力障礙：例如開發品質低下和產品負責人缺乏決斷力。它們的存在代表團隊缺乏當責意識。

摩擦障礙經常會被忽略，因為它通常會觸及敏感區域，例如品質和領導者行為。因此，保持現狀的舒適性將是一個需要克服的挑戰；這會隨著你的狀態而改變。

　　　　　　　　　　　　　　Scrum 實踐者應該知道的 97 件事

任何導致團隊緊張度超越建設性衝突的事物

摩擦障礙會拖慢團隊的腳步；緊張障礙則會拖垮整個團隊。當個性和工作風格發生衝突，而團隊又無法自行解決時，緊張障礙就會浮現。

當團隊中有人難以突破自我意識或打破舊習慣時，這種障礙通常就會顯現出來。其他團隊成員會用「事情一直都是這樣」來試圖安慰此人，或乾脆完全忽略。

緊張障礙會使團隊疲憊不堪，若置之不管將導致功能失調和倦怠。最好在細微的裂痕擴大成破裂的關係之前儘早介入。

任何阻止團隊自我修復的事物

自我修復障礙會使團隊無法突破現狀。如果沒有感知、學習和回應的能力，團隊將無法在承受壓力後復原。

如果回顧無法為團隊提供解決障礙的空間，那麼他們遲早會失去力量並恢復舊的習慣和行為。團隊需要依賴 Scrum Master 或教練來營造安全的環境，以促進開放對話來解決摩擦和舊體制障礙。

總而言之，每一個障礙都有自己的故事，並且起源於團隊或組織內根深蒂固的問題。實際上，障礙清單通常能夠顯示出組織文化的當前狀態。

但障礙不只是一個清單而已。研究、探索並傾聽每個障礙背後的原因，然後拿出魄力和勇氣來採取行動；團隊的健康程度就取決於你。

Scrum Master 最重要的工具

Stephanie Ockerman

在作為 Scrum Master 和專業 Scrum 培訓師的整個職業生涯中，我發現透明性是一種非常有用卻被嚴重低估的工具。Scrum 團隊和組織所面對的每一個挑戰幾乎都受益於透明性，包括其建構的內容與目的、建構方式，以及實現目標的進程。若沒有足夠的透明性，無論如何進行檢視和調適，都無法有效地達到預期的成果。透過專注於提高透明性的廣度和深度，Scrum Master 可以實現有效的自我組織、團隊責任和更好的問題解決能力。我相信透明性是 Scrum Master 最重要的工具。

透明性不僅僅是追蹤資訊並使之可存取且可見而已。僅擁有 Scrum Board 並不能使 Scrum 團隊的進度透明化；僅將產品待辦清單開放給利害關係人，並不能使最大化產品價值的計畫變得透明。透明性的真正關鍵在於：經常與適當的對象進行更優質的對話以達成共識。

Scrum Master 面臨的棘手挑戰之一，是在不破壞自我組織的情況下提供和給予支援。Scrum Master 通常會本著「幫助」的精神來指出團隊的問題，並引導團隊找到他認為有效的解決方案。在最好的情況下，這可以帶來一些好處，但無法解放創造力、協作，以及自下而上知識創造的真正力量。在最壞的情況下，它會導致對 Scrum Master 的依賴、團隊成員之間的怨懟，以及糟糕的解決方案。

無論你是與陷入困境的 Scrum 團隊合作，還是與遇到新挑戰的專業 Scrum 團隊合作，透明性都是你的照明燈。團隊不需要知道前方的整條道路也能前進；他們只需要看清楚自己眼前的事物，以便根據狀況做出決策，並朝著正確的方向邁出下一步（心中當然明白前方的道路無論如何都充滿了未知數）。如果他們碰巧弄錯了，透明性將幫助他們快速找到問題所在並修正路線。這就是為什麼我們要在衝刺這樣的短循環中組織工作的原因。

Scrum Master 可以為 Scrum 團隊和組織舉起照明燈，以檢視他們當下和預期的位置；然後他們進行調適，以再向前邁進幾步。

作為 Scrum Master，請針對有助於指引 Scrum 團隊下決策的資訊來創造透明性。缺少了什麼觀點？哪裡還沒有共識？有什麼尚未被提出？是什麼使 Scrum 團隊現在停滯不前？

為學習、進步和價值創造透明性。團隊看到了什麼趨勢？該趨勢意味著什麼？哪些資訊將有助於確認存在問題或需求？哪些成果能夠代表改變是成功的？

無論 Scrum 團隊正在努力處理什麼樣的難關──過程中遇到瓶頸、團隊中技能或知識存在差距、陷入生產性衝突或品質問題、難以做出明確決策、保持跟上市場競爭或變化、採用新技術、增加交付價值、突破侷限性信念，或管理利害關係人的期望──透明性都是關鍵。作為 Scrum Master，幫助他們更清晰地看清楚狀況；舉好照明燈，好讓他們決定接下來最好的前進方向。

遇到困難時……
就採用緊急措施！

Bob Galen

運用 Scrum 的挑戰之一就是在遇到困難時判斷該如何處理。讓我們先來定義困難：

- 你遇到了一個棘手的問題。

- 你是第一次遇到這種情況。

- 你才剛從認證班結訓沒多久。

- 你處在一個不安全的文化中。

- 你同時遇到多個問題。

那麼，當你面對這種逆境或看似棘手的情況時，你會怎麼做？當你深入自己的內心時，你會檢視什麼？

以下是我作為 Scrum Master 和教練處理這些情況的秘訣。

首先，我會深吸一口氣並試著安靜下來。我們有時習慣不加思索地快速做出反應；但我發現這麼做從來都不是一個好主意。相對地，保持安靜並尋找方向是違反直覺的。

其次，我會重新檢視 Scrum 的基本原則。我發現我經常會用錯綜複雜的思維、緊迫和恐慌感來應對錯綜複雜的問題；或者我會思考可能適用的高錯綜複雜互動模式。換句話說，我陷入了混亂。當發生這種情況時，我會提醒自己要將中心回歸於基本原則。

但具體來說，基本原則有哪些？

對我而言，Scrum 的基本原則圍繞著經驗主義的透明性、檢查性和調適性；再結合五大 Scrum 價值觀：承諾、勇氣、專注、開放和尊重。

我會嘗試建立**透明性**，以便系統可以反映出自身狀態。這樣一來，無論我面對什麼挑戰，它都會變得更加清晰。其中，很大一部分的重點在於對探索而非行動保持好奇心。因此我會先探索根本原因，再與我的團隊一起探討可能的對策。

我會提醒自己要重新建立對團隊的**承諾**，並首先致力於幫助團隊（而不是解決問題）。我會提醒自己對利害關係人和客戶的承諾；他們期待我們能將問題理清。我會提醒我對自己的承諾：我會凝聚信心以指引團隊尋求解決方案。

我會提醒自己要有**勇氣**說實話。也就是說，如果我不知道，那就說我不知道；如果我需要幫助，那就尋求幫助；如果問題出在系統之外，那麼我會勇敢直面它，並將其視為障礙來處理。

我會提醒自己要**專注**於眼前的挑戰，不要被其他衍伸問題或背景的錯綜複雜度所絆住。要永不止息地追求更好的狀態或解決方案；但不是獨自進行，而是透過激勵團隊和組織來達成。因此，要幫助每個成員都保持擁有單一的專注點。

我會提醒自己對任何情況都要保持**開放**的態度。要具備探索問題，而不是解決問題的思維。在處理混亂時的一大部分挑戰在於：對於不同解決方案的不同可能性，我們並未保持開放；我們很容易陷入某種「一直以來都很有效」的解決方法。相反地，我會提醒自己要思考非常規的方式。

最後，我會提醒自己要保持**尊重**。尊重系統從內部自我修復的能力，而不是透過外部干預。透過在混亂中保持鎮定和專注來尊重自己。實際上，我會尊重我所遇到的一切而不批判；我會對透過經驗主義所能揭露的事物保持開放態度。

我想對我而言，這些基本原則就像是我的 *Scrum* 燈塔。

如果我發現自己迷路了，就會尋求基本原則的指引；而它們從未讓我失望過。

當我以混亂的作法來應對混亂時，我就會陷入困境。但當我以基本原則為中心來應對混亂時，我總是能找到方向。我希望你也能找到自己的方向。

主動不做任何事
（其實是件苦差事）

Bas Vodde

「Scrum Master 一整天實際上在做什麼？」這是一個很難回答的問題；因為 Scrum Master 的行為會依據環境狀態而有所不同。這個問題的答案很大程度取決於團隊的成熟度、產品負責人的經驗，以及組織中功能失調的程度。以下我將使用「Scrum Master 的五種工具」，來闡明 Scrum Master 的工作內容、執行時機以及原因：

1. Scrum Master 提出問題。

2. Scrum Master 進行教育。

3. Scrum Master 促進團隊。

4. Scrum Master 主動不做任何事。

5. Scrum Master 打斷進程（在特殊情況下）。

這些工具幾乎不需要任何說明；除了可能是我最常使用的工具：「主動不做任何事」。

「主動不做任何事」意味著：當你在團隊或組織中觀察到非最佳動態或明顯錯誤的行為時，你選擇在當下不做任何事。

說明「主動不做任何事」的一種方法，是將其與相反的作法進行對比：「被動不做任何事」。「被動不做任何事」意味著你無所事事，而且毫不在乎。但是，「主動不做任何事」意味著你在乎；你仔細觀察當下所發生的事情，然後決定……什麼都不做。

舉例來說：你注意到來自兩個不同團隊的兩個人，對於各個團隊應該做什麼存在著輕微衝突。你觀察並仔細聆聽，思考這是否會對團隊造成永久性傷害；如果不會⋯⋯你就選擇什麼也不做。

透過「主動不做任何事」，你實際上在做事。你為團隊創造了一個空間來使他們為自己所處的狀況負責。若你選擇做一些事，無論是什麼事，你都是在將他們的責任從他們身上拿走，使團隊無法解決該問題以及成長。因此，作為 Scrum Master，我經常觀察情況，思考團隊和組織的動態，並考慮「主動不做任何事」是否會造成傷害。在大多數情況下，這麼做並不會造成傷害。如果不會造成傷害，那麼團隊通常就有機會自我學習和成長。因此，我會強迫自己除了主動繼續觀察之外，不要做任何事。

在「主動不做任何事」之後，可能會接著「主動做一些事」。例如：提出問題幫助團隊反思，以鞏固他們從解決該問題中所獲得的經驗。或者，提出問題幫助團隊思考可能的其他作法，以便下次他們有機會能解決狀況。在詢問問題之後，通常會接著使用兩個 Scrum Master 工具：（1）在問題觸發有趣的討論和可能的決策時促進其發生；以及（2）在問題觸發學習時機時進行教育。

「主動不做任何事」的困難度之高，往往令人感到驚訝。它之所以困難，是因為作為一名優秀的 Scrum Master，你會關心團隊並希望能提供幫助；你會想直接跳進去解決他們的痛苦。但一名優秀的 Scrum Master 會意識到，從長遠來看，這麼做並不會使團隊受益。打造團隊意味著你須要為團隊創造空間，使其能夠自行解決問題、從中學習並成長。

「主動不做任何事」的潛在問題是：你會看起來無所事事，沒有帶來任何價值。我曾擔任 Scrum Master 的許多團隊都開玩笑說我什麼也沒做。他們注意到我在那裡的時候，團隊運作得更好；但是他們常常不知道為什麼。確實，我看起來就像是⋯⋯沒有主動做任何事。

歡迎你主動不做任何事，成為更好的 Scrum Master！

運用 #ScrumMasterWay 概念來指引 Scrum Master 踏上永無止境的旅程

Zuzi Šochová

我的 #ScrumMasterWay 概念描述了優秀的 Scrum Master 應該在三個層次上進行操作:「我的團隊」、「關係」和「整體系統」。

在「我的團隊」層次上,Scrum Master 就像是一個團隊成員。這意味著從開發團隊的角度來看事情——解釋不同的敏捷實踐、促進 Scrum 會議、幫助消除障礙、為團隊提供教練式領導,以及尋求改進。換句話說,你會運用到全部的五大 Scrum Master 心法(Scrum Master State of Mind)。「我的團隊」層次是一個不錯的開始。Scrum Master 可以在這個層次上演示 Scrum 的成功,並針對邁向產品成功以及建立敏捷組織方面,向團隊展示更高層次的方式。團隊將不僅能夠跨職能和自我組織,還將提高生產力、始終保持進步與積極主動,並且會為總體目標負起責任。他們將不再是一群個體,而是一支優秀的團隊;你可以透過團隊中的高能量和積極度來判定這個階段。如果你做得正確,並且你的組織沒有過度失調,團隊也沒有對你在「我的團隊」層次上所試圖建立的一切產生強烈的排斥,那麼你將能在大約六個月內進入到下一個層次。

「關係」層次帶來了更高的視角。Scrum Master 關注的不只有開發團隊,還包括更廣闊的系統。他們會檢視團隊與外部人員之間的所有關係,並將 Scrum Master 心法混合使用。他們將著重於教學、輔導、促進和教練式領導技能,以改善開發團隊與經理、產品負責人、客戶、利害關係人和其他團隊之間的關係。例如:你可以教練式領導產品負責人建立良好的願景、促進與其他團隊的對話、幫助經理了解如何改變其績效考核、引入規模化框架等等。這些都有助於更大的生態系統變得能夠自我組織、一致和

連貫。如果你做得正確，並且你的組織沒有過度失調、存在許多政治問題和難搞的利害關係人，那麼在大約三年內，整個生態系統將能夠進行自我組織。你將逐漸獲得更多時間來進入下一個層次：「整體系統」。

由於組織非常錯綜複雜，因此你可以永遠在此層次上進行操作。總會有一些變化需要你的注意；總會有更好的做事方式；總會有更好的工作方式。在這個層次上，Scrum Master 將退後一萬步來將組織視為一個系統，以尋求組織的改進以及更好的結構、文化、領導力和組織敏捷性。在這個層次上，Scrum Master 將成為僕人式領導，以幫助其他人成為更好的領導者，並發展社群和修復關係。請將敏捷價值觀帶到組織層次；應對整個系統的錯綜複雜性，並將其變成由優秀團隊所組成的自我組織網路。在此階段，你可以將你的組織看作是一個活的有機體；這個活的有機體有一個大家都深信不疑的目標。系統會進行實驗並從失敗中學習；安全、透明和信任深深地植入於此系統的 DNA 中。這種文化重視協作和信任，鼓勵團隊提出更多創新和創意的想法，而非階層式的傳統結構。

成為 Scrum Master 是一條永無止境的旅程；#ScrumMasterWay 的概念可以為你們帶來指引。

第七部分

人類都太人性化了

團隊不只是技術能力的集合

Uwe Schirmer

> 跨職能團隊具有完成工作所需的全部能力，而無需依賴團隊
> 以外的其他人員。

這段來自《Scrum 指南》的引述，經常被解釋為「具有技術上完成工作所需的所有技能。」

因此，專案的人力編制通常僅關注候選者的可用性和技能。成員性格對團隊成功的影響，以及其他會影響團隊運作方式和生產成果的因素都很容易被忽略。這些因素包括：

- 他們是否擁有共同的願景和目標？
- 他們是否有足夠的權力做必須做的事情？
- 團隊的協作和互動品質如何？

團隊成員之間的互動強度和品質，對其所建立的人際關係非常重要。它反映了團隊是否作為一個整體來運作；這對於團隊的整體績效非常關鍵。

團隊成員之間的互動強度和品質取決於每個成員的性格，以及這些性格的結合與相容性，而不僅僅是所有成員的綜合技術能力。

負責組織團隊的人通常會認知到這一點，並開始追求完美的團隊組成。他們會使用 MBTI 性格測試、DISC 人格測驗、人生取向測驗（LIFO）、赫爾曼大腦優勢指數（HBDI）或四色性格測試（Insights Discovery）等評量方法，來將候選的團隊成員依性格類型分類。

關於所有這些評量方法，有一個有趣的事實是：它們通常都採用四種性格類型。這確實可以用來更好地理解團隊中的個人行為，以及驅動和激勵成員的因素；但是你無法使用這些性格在繪圖板上規劃出一支高效能團隊。

建立團隊與烹飪不同，沒有食譜可以遵循。沒有一個人能夠被完美地劃分到一種性格類型中，更不用說性格之間的相互依賴關係太過錯綜複雜而難以被規劃。

每個人的性格也不是固定的；人們在不同環境中會表現出稍微不同的性格。即使在相同的環境中，性格也會隨著經驗和特定見解的增長而變化。

評量方法可能有助於更好地了解團隊中個人的行為和需求。但是，團隊在特定組成上的效率取決於團隊執行的工作、該工作所需的互動程度，以及互動的強度和品質。規劃活動、創造性工作或決策等，每種工作的互動方式可能都不相同；團隊中需要不同的性格組合才能在不同的任務中發揮最佳效能。我們無法針對團隊需要執行的每種工作類型進行最佳化；團隊組成也無法依據不同的任務類型做變動。兩種方法都會破壞團隊的凝聚力和穩定性，對團隊的整體效能和成果產生負面影響。

因此，下次當你要組織新團隊或變動現有團隊時，除了可用性、技術能力和縝密的性格評量之外，還要考慮更多因素。根據每個人的背景來思考哪種性格最適合你的團隊。最重要的是，與團隊一起討論這個問題；你將會感受到差異。

人是障礙嗎？

Bob Galen

我的一個好朋友在前不久的一項調查中，問了一個單純的問題：當團隊成員成為障礙時，Scrum Master 是否可以「開除」他？

開除一詞在這個問題中有些含糊不清。它若非意味著直接解僱（終止合作），那就是意味著只是將其從團隊中撤除，無論他之後是否會去其他團隊。

這個問題引起了不小的討論。我記得最終比數是：反對開除佔 65%；贊成開除佔 35%；大約有 200 名受訪者。

讓我感到極其震驚的是：有 35% 的受訪者認為可以將成員從團隊中撤除；我認為這就像是在投票把成員趕出一個群體。我還發現一件令人擔憂的事：許多留言似乎都把 Scrum 運作看得比人類系統運作重要。也就是說，這些留言似乎忘記了 Scrum 價值觀中的尊重和勇氣——在這種情況下，應尊重個人並具備勇氣來給予他們教練式領導和輔導。

你現在可能已經猜到了，我支持的是反對開除。這主要有三個原因：

1. 我相信許多 Scrum Master 都不具備做出這種人資決策的經驗和培訓；這絕對不在《Scrum 指南》的角色描述中。

2. 我不認為人是障礙。當人被視為資源時，我也會有相同的反對意見。人就是人；每個人都是獨一無二的。將人歸類為障礙，只是在意圖使接下來的行為看起來沒那麼嚴重或具影響力。對於這種作法，我實在是不以為然。

3. 我認為在採用 Scrum 的組織中，有些狀況是超出 Scrum 生態系統的範疇的。而人及其表現就算並非完全超出，至少絕對是處於生態系統的邊緣。

舉例來說：如果有人因為生病而影響其表現和團隊互動，那該怎麼辦？或者，如果團隊無法與某人有效地互動是因為多樣性問題，那該怎麼辦？又或者，如果有人因為最近親屬過世而沉浸在悲痛中，那該怎麼辦？又或者⋯⋯

那麼團隊障礙呢？我認為障礙是阻礙團隊實現其衝刺目標的任何事物。但這不包括團隊成員；因為人不是可以被剔除或移除的障礙。

相反地，我認為人是 Scrum Master 可以提供教練式領導和僕人式領導的機會。每個成員都需要得到尊重和關懷，而不只是憑藉著最終行為而受到批判。每個成員也需要 Scrum Master 清楚地了解其狀況和經驗上的限制。

當遇到力有未逮的狀況時，該名成員必須立即願意尋求幫助；這是為了自己，也是為了其他團隊成員。那幫助從哪裡來？

幫助可能來自管理／領導階級的團隊成員和人力資源部門。即使這些人不了解 Scrum，但與 Scrum Master 相比，他們的位置更適合提供幫助。而且在某些基本層面上，Scrum Master 需要放手、信任，並允許系統自行解決問題。

Scrum Master 的角色是具有挑戰性、豐富、重要且經常令人挫折的。它的涵蓋範圍很廣，其中也包含脆弱面並知道何時尋求幫助。而我相信，在本質上這就是其中一種狀況。

人性如何使本已錯綜複雜的問題變得過於複雜

Stijn Decneut

Scrum 是用於開發和維護複雜產品的框架。不幸的是，大家對於錯綜複雜一詞的含義有許多誤解。最常見、同時也最嚴重的問題，是將錯綜複雜（complex）誤認為（僅僅是）複雜（complicated）。

雖然可能不容易，但是複雜問題可以透過規則和方法來解決。只要有足夠的分析，聰明的人就能夠採取明確的解決方案。但錯綜複雜的問題本質上是不同的；因為它們涉及太多相互關聯的因素，且具有一定程度的不可預測性。這使得錯綜複雜的問題難以透過規則、流程和最佳實踐來解決，並獲得期望的必然結果。

幾個世紀以來，經驗主義已被證明是人類解決錯綜複雜之問題的最佳機制；它甚至在生物的學習過程中扮演重要的角色。如果沒有經歷反覆試驗與犯錯的經驗學習過程，你將無法學會飲食、說話、閱讀等行為；沒有持續的經驗調適，你將無法取得進展。Scrum 正好提供了這個機制：經驗流程控制。

在面臨錯綜複雜的挑戰時，前期分析和計畫並不能保證成功。我們需要放開先入為主的策略，並相信我們有能力頻繁且快速地從實驗中學習；我們必須依靠專業知識、經驗和人類學習能力的綜合效果。

但是，這在專業環境中並非自然而然發生的。

在整個進化史上，推測下一秒會發生什麼事一直是關鍵的生存技能。作為預測天才，我們的大腦防衛機制可以透過迅速抓住風險和機會，來保護我們免於受到傷害；我們的大腦會在事件發生之前就讓身心都預先做好準備。

此外，這使我們不用處理所有得到的訊號，因此能夠以少量的精力與外界打交道。我們會根據預測來收集經驗，然後掃描每個資訊片段來驗證我們對即將發生之事的假設。每當傳入的資訊片段似乎證實了預測時，我們的大腦就會釋放多巴胺來產生良好的感覺以作為獎勵。

換句話說，（嘗試）預測結果能夠讓我們花費很少的精力並且感覺良好；即使預測並不合理，也還是會有同樣的效果。我們古老的生存機制，與應對當今日益錯綜複雜的挑戰所需之思維方式有些矛盾。

為了使 Scrum 成功，我們需要意識到：即使我們非理性的部分深信應該直接相信自己的預測和預測能力，我們仍需要用健康的懷疑態度來謹慎地對待我們（通常無意識）的預測。以人類的角度而言，這比你想像的還要難。

我們所有人（甚至是那些完全了解錯綜複雜性的人）都容易對環境的可預測性過於樂觀；即使面對錯綜複雜且混亂的環境也是如此。我們天生傾向於進行分析和計畫以防止意外事件發生；但在錯綜複雜的情況下，這種試圖控制本質上不可控之事的行為其實是不理性的。這是在將良好運作於複雜問題的解決方案，重複用於處理錯綜複雜的問題。

諷刺的是，在此過程中，我們反而使事情變得過於複雜。設定精密的方法、提供大量的樣板、提前討論更多詳細資訊等等，這些作法實際上會讓我們失去控制。

如何為「啊哈！」時刻設計你的 Scrum

Stijn Decneut

持續改進是 Scrum 不可或缺的一部分。我們會在衝刺回顧中明確運用到這個概念；但是能夠產生新想法並加以利用的能力在任何時候都很重要。

說到創造性地提出改變遊戲規則的想法，並找到執行它們的內在動力，沒有什麼能比認知科學家稱之為「頓悟（insight）」的體驗更勝一籌了。這種頓悟通常被稱為「啊哈！」或「尤里卡（Eureka）！」時刻。我們接著會體驗到終極清晰的時刻，以前所未有的方式將所有事物串連在一起。在這種頓悟時刻，我們會感受到高昂的能量、喜悅和動力。

人們通常都是在做工作以外的事情時獲得頓悟的；例如洗澡、跑步、在樹林裡散步（帶或不帶狗）、洗碗等等。

我們能夠以認知神經科學研究為基礎，使我們的 Scrum 環境更易於觸發頓悟。儘管頓悟似乎是突然隨機出現的，但研究表明，頓悟時刻在大腦中遵循著一種可預測的過程，並且我們可以影響獲得頓悟的可能性。我們可以為頓悟時刻創造最佳條件，包括：保持放鬆愉悅的心情、反思問題的本質、在安靜的地方閉上眼睛、不將專注力放在慎重地為眼前的問題找到解決方案。

如果這聽起來單純但又不容易，你可以想想我們是 *晚期智人*，有能力反思並引導自己的思想。我們可以刻意選擇想些愉快的事；我們能夠以更正面的方式來看待自己和問題。從長遠來看，這可能不會使我們對問題的出現欣喜若狂，但它在很大程度上有助於我們發現具有洞察力的突破性想法。意識到這一點的 Scrum 團隊可以透過在團隊、整個衝刺，當然還有在衝刺回顧中，營造出一種正向的氛圍來幫助彼此。

任何人為努力都需要休息；我們需要時間坐下來思考和反思。不幸的是，許多採用 Scrum 的團隊都過於注重量（交付更多），而不是專注於把事情做得更好以增加交付價值。Scrum 團隊應該定期空出時間來反思問題和挑戰的本質，並詢問自己問題如：「這個問題已經存在多久了？」、「我們在哪裡看到類似的模式？」以及「如果這不再是一個問題，會有所不同嗎？」

雖然保持愉快的心情、稍微的安靜，以及思緒的遊蕩空間很重要，但也不需要過度誇大團隊工作地點的影響力。團隊可以在衝刺或衝刺回顧期間，在安靜自然的環境中一起散步，或者在一個有趣但安靜的房間裡聚會。

最後一個條件——**放手**——可能會特別具有挑戰性。在最初有意識地嘗試解決問題之後，即使且尤其是在不成功的情況下，它有助於進行可分散注意力、認知上不費力的休息活動。

這些條件是否可以確保觸發精彩的頓悟？並不會。但是它們確實增加了頓悟發生的可能性，從而帶來更多創造力、喜悅和動力。

使用腦科學來製作你的 Scrum 事件魔法棒

Evelien Acun-Roos

我想分享我在 Sharon Bowman 的《反轉課堂：站在學生後方培訓》課程
（*https://oreil.ly/tDRDb*）中所學到的知識；這些知識有助於我提高 Scrum
事件的活力。

Bowman 解釋了人腦如何處理資訊，以及你作為培訓師或教練可以做些什
麼來增強人們的學習和思考經驗。Bowman 基於認知神經科學定義了六張
「王牌」，以幫助人們更好地學習和思考。現在我會將這些王牌用於會議演
講、線上培訓和 Scrum 事件中。

說勝於聽。

> 說話是一種社交活動。比起僅僅是聽，說話能夠大幅提高對主題的
> 理解；談論新資訊有助於你的大腦更有效地儲存。在對話的過程
> 中，資訊將被以不同的形式處理三遍：聆聽、處理和重述。*你可以*
> *要求大家與同伴交談，或重述他們學到的東西。*

寫勝於讀。

> 「寫」是涉及身體和心靈的一種物理活動。當你在活動中除了閱讀之
> 外也進行寫作時，你就對該活動加入了觸覺。你使用的感官愈多，
> 就學得愈好。*你可以透過要求大家練習繪畫、描繪輪廓、塗鴉或*
> *做總結來幫助他們。*

動勝於靜。

> 當你移動身體時，會增加血液流量和氧氣。當你的大腦接受更多氧
> 氣時就會得到推進力，從而增強思維和學習能力。*你可以透過請大*
> *家站起來走動、結對討論，或在牆上貼便利貼來促進他們的血液*
> *流動。*

短勝於長。

我們的大腦如果沒有在十分鐘之內接收到任何有趣的事，它就會自動斷開連結。若將內容或會議切分成較小的片段，將更能夠保持人們的注意力。你可以更改設定和促進風格，並為會議設定較短的時限。

多樣勝於單一。

你的大腦不會把注意力放在無聊的事情上。為了使你的主題或會議不令人感到無聊，你可以經常切換並改變自己的促進、演講或教學方式。使用令人驚訝且興奮的方式，來充分發揮會議或培訓的效果。

影像勝於文字。

影像和聲音比單純的文字更能在大腦中儲存得長久。你可以幫助人們建立心理意象、象徵和故事。

一旦了解這些王牌的運作原理及其好處，你就可以在 Scrum 事件中使用它們。在 Scrum 事件中進行以下活動時，你是否能認出其中使用了哪些王牌？

每日 *Scrum*

請團隊成員輪流依序說明自己的貢獻；請團隊成員站起來。

衝刺規劃

在便利貼上寫下產品待辦項目，並將其貼在實體板上以視覺化（畫出）業務價值。

衝刺審查

讓利害關係人掌控滑鼠和鍵盤；讓利害關係人寫下或畫出他們的回饋。

衝刺回顧

嘗試使用不同的格式來激發創造力；激發大家參與討論。

衝刺

定義簡短的衝刺；將「完成」的定義視覺化並貼在牆上。

Sharon Bowman 和她以大腦學習為基礎的六大王牌讓我學到了很多。若你能將動態、視覺、寫作、影像、簡潔和多樣性等要素牢記在心中，你將能激發思考和學習，幫助工作更有成效；尤其是在 Scrum 事件中！

站立的力量

Linda Rising

在 90 年代中期，Scrum 才剛開始萌芽。在當時，每日 Scrum 是最不得人心的產品。「什麼，另一個會議？」「每天？」當我們建議以站立方式來進行時，大家就更加卻步了。隨著時間的流逝，我開始意識到開發團隊成員由於工作環境而面臨的挑戰；於是我開始以不同的方式來看待這個事件。這個事件不僅能確保人們實際上每天至少互相交談一次，還成為鼓勵人們停止坐著的一種方式。我開始看到更多公司願意嘗試其他立會。研究人員在一項研究中發現，坐著的會議平均比站立會議長 34％，但會議並沒有因此而產生更多或更好的結果。Micah Martin 在一場精彩的演講中，分享了如何在使用跑步機辦公桌時進行結對程式設計。該演講引用了一篇文章，顯示出坐著的時間愈長，專案就容易愈早以失敗告終。

時至今日，大多數的工作場所都有某種站立式辦公桌；這絕對是一種進步。但是問題仍然存在。即使引入了 Scrum、其他敏捷流程的改進方法以及創新的辦公家具，我們大多數人白天坐著的時間仍然過長。我們似乎需要某種提醒或觸發機制來幫助我們不要整天坐著。我最近參訪了歐洲的一個新辦公室；每個人都有站立式辦公桌，但沒人站著。他們並非不想站起來，而是他們的預設姿勢是坐著，人們只是忘記站起來。我們提出了一些他們可以嘗試的實驗；或許你也可以試試。第一個是應用番茄工作法（Pomodoro），為適合坐著或站著的時間設定一個計時器。另一個實驗是建議大家離開座位去休息、吃午餐或回家時，將他們的辦公桌設定到「站立」位置；即使他們當時是坐著的。當他們回來時，會自然而然想站著，至少維持一段時間。我很好奇這些實驗對你會有何效果。

我相信我們的 Scrum 實踐應該要建立在內心深處，而不是字面意涵上。除了遵循一系列規則以召開強制性的日常會議之外，我們還應該增加站立和移動的力量，以改善溝通與協作。我們喜歡一起動；所以舞蹈、跑步，以及在音樂會上搖擺才能有今天的歷史地位。我們已經這樣做了幾萬年。

當然，你永遠不應強迫人們站立；因為可能會有人剛好在某一天無法或不想站立。

我們需要鼓勵。我們應該允許在任何會議中站立；我們也應該允許人們到處走動，甚至是舉辦步行會議。我會在我的全天工作坊開始時說：歡迎隨時站起來四處走動。不要打擾別人，但可以站著、移動椅子並以某個角度坐下、靠在牆上、伸展。不要只是坐在那裡看著，相信出於某種原因，這種固定狀態能夠幫助你從體驗中獲得最大收益。這項建議在我的工作坊中可行，在你的日常工作場所中也會同樣有效。

敏捷的精神就在於回應；在於實驗；在於學習。這就是文化變革發生的方式。讓我們花更多時間站立吧！

在家工作的效果

Daniel James Gullo

我們的一生有超過三分之一的時間在工作;在過去的幾十年中,在家工作的時間甚至超過這個比例。因此,這種情況值得我們進一步審視。

在 2001 年,有 17 個人聚在一起討論如何改善軟體開發實踐,從而產生了**敏捷軟體開發宣言**;即俗稱的**敏捷宣言**。這份宣言在整體上著重於更有價值的解決問題和交付方法,其中也包含了幾條涵蓋溝通和協作的敘述。

原則第六條寫道:

> 向開發團隊和在其內部傳達資訊的最有效方法就是面對面溝通。

多年來,敏捷運動已將社會研究領域感興趣的主題編纂成文。舉例來說:「遠距離辦公(*telecommute*)」一詞是 1975 年由 Jack Nilles 所提出的;敏捷證實了人類天生就需要實體連結,並且傾向於社會化、學習、實驗、對變化做出反應等等。

團隊成員若位於不同時區,將會面臨許多困難。電子郵件是一種非常沒有效用的工具;團隊成員在專案中若僅透過電子郵件(和其他非同步格式)來溝通,團隊的凝聚力將會降低。回應的延遲時間愈長,就愈容易導致決策遲緩和錯失先機;整個團隊和組織的整體信任度也會因此而降低。

當今技術已能支援串流更高品質的音訊和影片內容,使得團隊不論距離多遠都能夠進行協作。然而,大量的研究告訴我們,遠端工作仍不如親臨現場、面對面的工作。

最初,遠端團隊會對全天進行視訊感到擔憂並抗拒;有時會出現一種「老大哥」的氛圍。一旦大家認知到每個團隊成員都面臨到相同的狀況,他們的緊張感就會減輕。儘管每天這樣工作沒什麼問題,但定期召集團隊參加

重大儀式（例如發佈規劃、迭代規劃、審查和回顧）仍然是極其重要的。將大家聚集在一起碰面的一個關鍵原因是這樣能夠促進團隊的凝聚力。

通常，領導者會對在家工作的想法感到擔憂；管理層如果無法直接看到員工在他們面前工作，就會感覺失去控制。這種思維是 150 年前基於缺乏信任而產生的工業化典範之延續。

對在家工作情況的審視，已揭示出最初工作與生活平衡增加的優點，是如何隨著時間而逐漸消失的。在家工作的人為了彌補彈性，往往工作時間更長、休息時間更少；他們不想失去津貼。在家工作還會使工作者陷入「保持待命」的境地；因為職業生活和個人生活之間的界線變得模糊。

當工作者在家中與同事的接觸或聯繫受限時，會出現一種扭曲的「正常」感。工作者缺乏透過肢體語言發出之立即、非語言的回饋；這種回饋是文化規範的訊號。大家通常會聲稱自己偏好隱私和隔絕，但卻又會尋求與自己感到自在的人進行社會互動——從回以一個單純的微笑，到溫暖的口頭讚美。此外，在家工作也減少了團隊成員透過互動來獲得同事的尊重和信任之機會。這不是虛擬動態能夠產生的效果。

如果沒有直接面對面的互動，團隊將無法有效地完成最初由 Tuckman 描述，並由現代研究證實的團隊發展階段（組建、激盪、規範、執行）；如同 John Crunk 在其著作《在利用配置軟體開發方法的非配置軟體開發團隊中檢驗 Tuckman 的團隊理論》（*Examining Tuckman's Team Theory in Noncollocated Software Development Teams Utilizing Collocated Software Development Methodologies*，2018 年 ProQuest Dissertations Publishing 出版）中所述。因為根本沒有足夠的合作與衝突機會來使他們成長為高效能團隊。

溫和的改變方式

Chris Lukassen

對於許多組織而言，要使 Scrum 不只成為工作準則，還要使其融入內在是充滿挑戰性的。在許多方面，這類似於精通柔道這樣的運動。

你可以採用以下來自道場（武術訓練場所）的六個手段，以確保你的組織遵守紀律或實踐。

1. 個人動機

改變所需的紀律始於個人動機。幫助人們將 Scrum 價值觀與其個人價值觀連結在一起；探索他們所觸發的行為，以及該行為是否有幫助；找出大家厭惡的 Scrum 實踐，並做實驗來解決不滿的問題。你正在尋找的觸發者是有權力進行改變的人。

> 真正的武道不會體現在技術上，而是在我們的生活方式上。
> —— *Marco Borst*

2. 個人能力

人們可以根據自己的動機來嘗試學習如何達成目的。柔道提倡兩種學習技巧：形（固定的技術訓練）和亂取（在現實環境中訓練技術）。在業務中，人們常常被送去接受培訓（形），隨後在尚無實際實踐經驗的情況下（阻礙亂取），被要求於舊環境中應用新技術。

為了使新行為紮根，技術培訓必須以現實的方式進行。請確保你學到的東西及精熟的方式與現實狀況相符。

3. 團隊動機

我們所有人都強烈渴望能被他人接受、尊重和連結；這在 Scrum 團隊中能夠很好地被滿足。但是 Scrum 不僅是發生在團隊層級中，還需要由整個組織體現。人際關係因此得以佔有優勢；一個抬眉、一個噘嘴，或小小的搖頭，都可能產生比在市政廳演講更大的影響。

4. 團隊能力

隨著 Scrum 成為組織的新狀態，我們已不再需要告訴團隊該如何執行 Scrum。讓團隊專注於他們可以創造的影響力，以取得支援並建立協作。更重要的是，團隊可能會共同研發出比單一個人更好的解決方案。

共同制定計畫的「達成方式」，但要對改變本身保持堅定。為團隊提供一種「安全」的方式，使他們願意尋求幫助而不會感到尷尬。

5. 系統動機

透過關注支援你所重視的非人為因素來影響行為。例如：如果你重視自主權，那麼你會將哪些決策委託或授權給他人，而不再親自進行？正式獎勵和激勵措施如何支持或阻止這種新行為？

6. 系統能力

如果你希望團隊能實際合作，請先確保他們相處融洽。如果他們需要互相學習，請先確保他們有足夠的空間可以這麼做。如果他們不了解自己產品的影響力，請用更簡單的方式讓他們理解，使他們可以跟客戶溝通。改變「事物」以達成我們想要的行為，比改變人們要容易得多。

> 專注，年輕的學徒，專注。
> ──尤達

柔道的第二個創始原理是精力善用；這意味著「最大程度地有效利用精力」。捫心自問：「如果每個人都只做這件事，其餘的事會自然水到渠成嗎？」說起來容易做起來難，而且效果不會一夕之間就發生。進行實驗（無論大小）以觀察什麼有效、什麼無效，並隨之改變自己的工作方式。

第八部分

價值驅動行為

Scrum 的重點在於行為，而非流程

Gunther Verheyen

Scrum 是一個讓我們可以根據自己的時間和背景來完成工作的框架流程。採用 Scrum 不僅僅是遵從其針對規則、角色和產出物的規範而已；Scrum 還為人們提供了協作、探索，以及實驗的空間和機會。Scrum 的重點在於行為，而非流程。

價值驅動行為。Scrum 定義了五個核心價值觀：承諾、專注、開放、尊重和勇氣；這些價值觀為我們在運用 Scrum 時所面臨的工作、行為和行動提供了指引。Scrum 透過這些價值觀賦予了我們處理錯綜複雜性和不可預測性的能力；因此我們需要了解這些價值觀。

承諾

承諾通常被錯誤地解釋為合約上的白紙黑字。但是在錯綜複雜情況下的錯綜複雜挑戰中，結果通常是難以精確預測的；這就是為什麼衝刺規劃的成果是預測而非承諾。Scrum 中的承諾符合其真正的含義——與奉獻有關。承諾體現在行動和付出的心力上。有一名球隊教練說得很好：「我無法因為我的球員所做的承諾而責怪他們。」（儘管他們可能輸掉了一場比賽。）

專注

團隊可以透過每個 Scrum 角色之間平衡但明確的問責制來提高專注力。Scrum 中的所有工作都有時間限制，以鼓勵團隊專注於當前最重要的事情，而不是將來可能在某些場合中變得重要的事情。團隊會將注意力集中在即將發生的事情上；因為未來是不確定的。他們從當下的經驗中學習，以應對未來的各種狀況。衝刺目標和每日

Scrum 能幫助團隊專注於完成四星期內之目標所需的工作，以及可採用的最單純方式。

開放

開放指的不僅是 Scrum 經驗流程所需要和提供的透明性，也包含所有成員都對自己的工作、進度、學習和問題保持開放，並且須要鼓勵這種開放性的環境。所有人都願意與他人合作，並認同人不是資源（機器人、齒輪或可替換的機械零件）。團隊成員都願意跨學科、技能和職位，並與利害關係人和周邊參與者進行協作。

尊重

尊重是 Scrum 生態系統中不可或缺的一項特質。無論人們是否來自相同背景，都可以在相互合作和分享經驗的過程中，培養出尊重的氛圍。團隊成員會相互尊重對方的技能、專業知識和見解。他們尊重多樣性和不同的意見；他們尊重客戶有時會改變主意。他們不會將金錢浪費在沒有價值、不被欣賞，或者永遠不會被實作或使用的功能上，以表示尊重。所有團隊成員都尊重 Scrum 框架以及 Scrum 的問責制。

勇氣

我們需要勇氣來承認需求永遠不可能是完美的；沒有計畫可以完全洞悉現實和錯綜複雜性。我們需要勇氣來改變方向，並將改變視為靈感和創新的泉源；我們需要勇氣來放下來自過去不實際的確定性；我們需要勇氣來在 Scrum 中將品質放在首位，而不是交付未完成版本的產品。勇氣指的是能夠承認沒有人是完美的。團隊的勇氣會表現在推廣 Scrum 並運用經驗主義來應對錯綜複雜性和不可預測性上，以及支持 Scrum 價值觀時。

自我組織的意義

Michael K. Spayd

在 Scrum 中，一個團隊應該要是能自我組織的；但是我們實際上知道這意味著什麼嗎？自我組織是在自然領域（化學、生物學）和計算機領域（機器人、人工智慧）中都存在的原理。根據維基百科，它的定義如下：

> ……自我組織是從最初之無序系統中各部分之間的局部相互作用，產生某種秩序的一種過程。這種過程不須由外部中介控制……產生的組織是完全去集中化的，分佈在……整個系統上……組織通常是穩固的，能夠在嚴重的干擾下生存或自我修復。

自我組織並不是「隨心所欲」，而是在一些限制下，由一群具有懂得運用自由的人士共同發揮所長。當我們受到很多限制時（例如：詳細的流程規則、安排緊密的專案計畫等時間表），我們的行為將變得不那麼聰明且制式化（就像傳統的瀑布式流程一樣）。當我們只有幾個單純的限制時（例如：來自於長期經驗和少量智慧），由此而生的自我組織就會變得異常精彩。

對於 Scrum 團隊而言，他們自我組織的限制就是 19 頁的《Scrum 指南》；其本身就是由數十萬次迭代的經驗所累積而成的。如果團隊改以公司版本的 Scrum 為限制（這種版本通常會無意識地隱藏或保護功能失調系統的開放性傷口）來進行自我組織，則結果可能不會那麼成功；因為這並未經過專業實踐者的認可。

也許你的組織經常會推翻產品負責人的決策，而不是將《Scrum 指南》的這段內容牢記在心：「為了使產品負責人成功，整個組織必須尊重他或她的決策。」也許你的每日 Scrum 已成為 40 分鐘的狀態會議，而非如《Scrum 指南》中所述：「每日 Scrum 是針對開發團隊、時限為 15 分鐘的事件；開發團隊將在其中計畫接下來 24 小時的工作。」每日 Scrum 應該

是你一天中最振奮人心、張力十足且內容豐富的 15 分鐘！如果不是，則你可能是在錯誤的限制下進行組織。

我在許多年前淬鍊出了 Scrum 之道：一種《Scrum 指南》的極簡短道家模擬版本。我在這裡重述一次，或許能夠激發你對自我組織的想法。

根本之道

道是透明的；道是應受檢查的。檢查過後的道應用於調適。

人

產品負責人決定道的內容。

團隊決定道的方式與質量。

Scrum Master 服務於道，並在眾人偏離道時予以提醒。

事件

發佈規劃定義了哪些道之使用者將發現其價值，以及將在何時發現。

衝刺是長度固定的團隊之道。

衝刺規劃定義了本週和下週之道。

每日立會可幫助團隊調適今日之道。

衝刺審查可幫助道之使用者檢查在二到四週期間內所完成的工作。

回顧能透過檢查過去之道來幫助團隊確定前進之道。

事物之道

產品待辦清單是有序之道。

衝刺待辦清單是兩週之道的進行方式。

衝刺目標是衝刺待辦清單和團隊之道。

完成的定義必須經過所有遵循此道之人的同意。

將開發缺陷視為珍寶
（開放的價值）

Jorgen Hesselberg

我最喜歡的 Scrum 特性之一就是它如此美妙而單純，可以精巧地總結在《Scrum 指南》的 19 頁中。該指南由 Scrum 的共同創立者 Ken Schwaber 和 Jeff Sutherland 定期更新。儘管自創立以來，Scrum 的基本要素大體保持不變，但該框架仍在不斷發展。在撰寫本文時，《Scrum 指南》已更新了四次。

最重要的變動之一發生在 2016 年；當時《Scrum 指南》引入了五大 Scrum 價值觀：承諾、勇氣、專注、開放和尊重。這些價值觀之所以如此重要，是因為它們為可持續發展的高效能團隊奠定了基礎。團隊的規範和行為若沒有價值觀作為引導，將很容易失去意向性和方向。因此，這五大價值觀能夠影響團隊的工作方式，並幫助我們發展持續改進的組織文化。

儘管每個價值觀在 Scrum 中都扮演著至關重要的角色，但我相信開放是當中尤其重要的。Scrum 團隊擁護經驗主義，面對現實，有時處理令人為難的事實。這些都需要透明性（Scrum 的經驗支柱之一），並且能夠將潛在的不舒適資訊視為改進機會，而不是需要避免或掩蓋的東西。

我所見過擁抱開放性最好的例子之一，是在幾年前我前往豐田汽車的印第安納州起重機工廠參觀時。我很幸運能夠參觀工廠，並檢視許多體現精實核心精神的技術、實踐和方法。當我們經過工廠時，我向總工程師詢問了豐田處理缺陷的方法。

工程師對我微笑，告訴我他們正在考慮將「缺陷」改名為「珍寶」。我記得我很困惑：豐田為什麼要重新命名他們的缺陷？而且還是改名為「珍寶」？起初，這讓我想起了之前合作過的一些不成功的公司；這些公司將缺陷改名為「功能」，好讓每個人在狀態報告上看起來有亮麗的成績。

工程師迅速發現了我困惑的樣子，並解釋說：「我們正在考慮將缺陷重新命名為珍寶，因為它為我們提供了巨大的價值。我們發現缺陷其實是一種禮物；它將系統的相關資訊揭露出來，使我們得以改進。如果沒有這些缺陷『告訴我們』，我們將無法知道有這些問題存在。」

我可以感覺得出來他迫不急待地想再進一步解釋更多。工程師繼續說道：「我們尋找缺陷的根源，首先了解導致缺陷出現的原因；接著我們修復問題以確保不再發生。多虧有這些缺陷告訴我們這些寶貴的資訊，使我們的系統變得更強大、更靈活、更健康。它真的是個珍寶。」

這個故事說明了開放的力量。豐田不僅透過「歡迎」缺陷來面對現實，還對缺陷的根本原因立即採取措施，以使缺陷不再發生。正如該名工程師所言：由於缺陷所提供的智慧，整個系統現已獲得了改善。

當你在探索每個 Scrum 實踐者應該知道的其他 96 件事時，這一件值得你列為清單上的前幾名：公開和透明是 Scrum 的基礎；而持續改進的思維在豐田等產業領導者中顯而易見。

「那在這裡不管用！」

Derek Davidson

我想起一個故事：有一個組織開始採用敏捷，並請來六名經驗豐富的敏捷實踐者，組成一支團隊來提供協助。這支敏捷團隊立即面臨了挑戰：他們要運用各自在其他組織的經驗，想辦法提高該組織採用敏捷的效益。

團隊花了一些時間四處觀察，並在考慮所有可能的改進方式後，決定將重點放在建立固定團隊（*stable teams*）上。他們找到了一些附加資料，能夠支持他們對於此種改進方式的想法。他們將這個想法提案給高階領導團隊，但高層領導團隊卻似乎興致缺缺；他們立即反駁：「那在這裡不管用！」

儘管立即遭到否絕，但該建議仍然是後續討論的焦點。高層領導團隊似乎對這個想法有些反感；他們告訴敏捷團隊：「停止建立固定團隊；那在這裡不管用。你正在浪費我們所付出的時間。」

但是敏捷團隊深信固定團隊能使組織受益，也能解決他們所面臨的挑戰。另外，他們想要堅持自己的承諾：無論遇到什麼阻力，都要實現組織對於敏捷的野心。

但顯然他們需要開放的心態來研究不同的方法，以及勇於堅持自己信念的勇氣。因此，團隊整理了上一季所使用的員工及其所做工作的資料。他們寫了一支模擬程式，來測試固定團隊是否有可能完成該季度的工作。敏捷團隊嘗試了許多次，並一次又一次地證明了即使在這個組織中，該方法也是可行的。

受到這一發現的鼓舞，他們詢問組織中的其他人是否可以使用固定團隊來重現他們的結果。在獲得同意後，敏捷團隊開始證明固定團隊確實「在這裡管用」。

敏捷團隊又再一次安排了與高層領導團隊的會議，並試圖克服上次管理會議中的沮喪感受。

他們提出了模擬結果來證明他們的想法。完全出乎意料地，高階領導團隊只簡短地回應：「去做吧！讓我們知道結果如何。」

這是敏捷團隊沒有預料到的回應。但更讓他們感到驚訝的還在後頭：還記得他們在之前的會議中被要求「停止建立固定團隊」嗎？其中的一些高層領導者後來成為了他們的最大擁護者；他們改口說：「我們為什麼還沒這麼做？」

我喜歡向其他人描述這個經驗，因為其中有很多學習重點。對我來說，最主要的學習重點是嘗試其他方法的重要性。如果所有的事實和資料都只能說服你和你的同儕支持者，但無法說服其他人，那是沒有用的。有時，你必須尊重他們的觀點並找到與他們的連結。

我想知道的是：你從這個故事中學到了什麼？

五個卓越價值使你成為更人性化的 Scrum Master

Hiren Doshi

我們大家都知道，每個職業都有一個技能商數；其公認的成員必須達到此技能商數，才能取得資格並執業。例如：對於想要實踐醫學、成為醫生、治癒病患並挽救生命的人來說，醫學博士就是它們所需要的技能商數。從業者需要適當的學位，才能以公認的方式從事工作並自稱為專業成員。

同樣地，我們要成為合格的 Scrum 教練、Scrum Master、敏捷顧問等等，也需要受一些教育訓練來取得經過時間考驗的可信證照，以證明我們擁有現實世界的真實實踐經驗。

傑出的藝術家除了技術能力之外，還擁有能夠看見這個世界，並透過藝術來呈現的能力。醫生可以透過學位來證明自己的技術屬於領域中的佼佼者。但是如果他們不願意傾聽你的想法，你還會信任他們嗎？如果他們不願意先跳脫自己的經驗並詢問開放性問題，先理解對方再尋求被理解呢？如果他們在開藥時沒有考慮你過敏、免疫力和其他的健康狀況，你要怎麼辦？

同樣地，有一些卓越價值觀是成為傑出的 Scrum Master、教練或顧問所必須且不能忽視的；你可以將這些價值觀稱之為隱形的力量。

承諾、專注、開放、尊敬和勇氣，這五大 Scrum 價值觀有助於建立一個信任的生態系統，使組織可以在其上蓬勃發展。同樣地，在當今不斷進化、美麗但有時混亂的世界中，也有五個卓越價值觀幫助了我成為更好的 Scrum 專業人士和實踐者。

同理心

花時間與人建立信任和尊重。尊重是無法要求的，即使擁有閃亮的頭銜也一樣。請保持積極開放的態度，並相信每個人都在盡最大的努力來完成自己的職責。

謙卑

為人們和團隊服務，積極地為他們的生活帶來重要的正面影響。不要太過批判；讓自己居於弱勢以尋求可能性和機會。運用你的經驗、證據、資料和事實，來引導自己作出決策。

同情心

保持覺察和腳踏實地。對周圍的人寬容、友善且溫柔，並鼓勵和激勵他們。運用你的信念和對自己能力的信心，來吸引其他人加入你的行列。

真誠

保持誠實、真誠和真實。複製或模仿很容易，但那不是真正的你。利用你的想像力和創造力來將新的、有用的東西回饋給社群，並嘗試使這個世界變得更美好。

寬恕

每個人都會犯錯。持續處於受傷、痛苦、怨恨和憤怒的情緒中，對你的傷害會比犯錯者所給的更大。放手，讓自己平靜下來；學習寬恕的藝術並繼續前進。練習協作而非競爭；練習冥想。

我並不是說要完全掌握上述價值觀；老實說，我覺得人類一生的時間根本不夠完全掌握這些價值觀。但透過保持覺察和實踐這些價值觀，已經使我成為了更好的 Scrum Master 和敏捷顧問；而我衷心希望這些價值觀也能幫助到你。除了這五大卓越價值觀之外，你還發現了哪些重要價值觀，對於專業人員來說比專業技術更重要呢？

祝你在敏捷開發過程中一切順利；期待未來有機會能與你合作。

第六個 Scrum 價值觀

Derek Davidson

2019 年 10 月，我在美麗的維也納城市面對一群由 Scrum 認證培訓師和 Scrum 聯盟員工所組成的面試小組；他們在面試現場問了我一個開放性問題：「如果你可以再增加一個 Scrum 價值觀，那會是什麼？」

這可真是把人考倒了，不是嗎？我以前從沒思考過這個問題，更何況面試並不是一個可以慢慢思考問題的環境。因此，經過片刻的思考後，我的答案是：謙卑。

在我看來，不論是在當時還是在事後，我的任何回答很可能都來自於我自己的經歷和信念之反射，而不是合理、經過深思熟慮的理智反應。但這個回答確實觸發了我思考為什麼選擇謙卑。

我相信教育是一件很棒的事，它能使人類這個物種向上提升；而智力使我們能夠更靈活地應對這個世界。但是，它也具有潛在的黑暗面。在少數情況下，教育會導致冷漠和傲慢，並成為一種證明優越的方式。隨著 Scrum 培訓和認證徽章的風行，組織之間的部族競爭可能會導致一些人處於優越思考的位置，並認為自己是比其他人了解更多的「專家」。

以我的經驗來看，敏捷的教練式領導和 Scrum 培訓依賴於人與人之間的連結；而傲慢會大大地阻礙實現該狀態。

傲慢的對立面是謙卑；這就是為什麼它是我的第六個 Scrum 價值觀。我不斷地提醒自己：無論我自認為了解多少，我一個人的大腦都無法與整個 Scrum 團隊、Scrum 班級或教練式領導的集體力量相提並論。這與我是否擁有多年經驗，以及是否在 Scrum 中遇過各種情況無關。

我提醒自己：人們是自己的專家。為了幫助他們，我至少須要部分地了解他們。

我追求的座右銘是：「先努力試著理解。」我希望這麼做能成為一個更好的 Scrum 實踐者、Scrum Master、Scrum 培訓者、敏捷教練，以及在基本層面上成為一個更好的人。

我推崇謙虛；因為這是改善你自己與你接觸之人的一種可能方式。

第九部分

組織化設計

敏捷領導力與文化設計

Ron Eringa

敏捷開發方法（特別是 Scrum）已成為開發軟體驅動產品的主流方法。在 VersionOne（*https://oreil.ly/dl5KV*）的 2019 年度全球調查中，有 72 % 的受訪者表示他們正在使用 Scrum 或包含 Scrum 的混合框架。

在使用 Scrum 的人員中，有 83 % 的人表示在實施敏捷時，他們的體制還在發展中或根本不成熟。在過去的幾年中，成熟度不足有三個主要原因：

- 組織文化與敏捷價值背道而馳。

- 組織普遍抗拒改變。

- 管理支援和資助不足。

開發現代產品和服務需要許多技能和紀律才能發揮綜效；它需要一個能促進協作、知識共享和連結性的生態系統。為了在這個數位時代中生存，我們極度依賴目標驅動的團隊，以及他們對產生影響的強烈渴望。當一群個人成為團隊時，他們將改變自己對世界的理解方式。

作為領導者，我們須要更新領導風格並設計出一個安全的環境，以促使我們的同事共同承擔更多責任，並幫助我們的組織更趨成熟。只有這樣，我們才能朝向敏捷的方向來實現期望的目標，並透過不斷專注於提供有價值的高品質產品和服務來滿足客戶。

我們必須了解我們的領導風格、自己的行為和環境是如何影響團隊動力的。為了更好地理解這種關係，已有研究（*https://oreil.ly/6yK6-*）調查人類如何在生活環境中發現新突破時發展出不同的領導風格。

這些研究表明，人類傾向改變生活的社會結構及其管理方式，來符合周遭更巨大的變化。

工業革命帶來了以成就、自我表達和個人績效為基礎的社會結構。在過去的 150 年中，學校、企業和政府都使用這些原則來衡量進步和成功。

隨著網際網路、社群媒體和行動電話的發展，全球、國家和公司範圍內的自我組織知識和社群都在增加。這些社會結構需要以支持、包容、多樣性和分散式決策為基礎之以人為本的領導風格。

但是，大多數傳統組織的作業系統仍是以舊的領導原則為基礎，以刺激個人績效、效率、利潤和大量生產。這些作業系統不是為團隊協作、自主、自我組織和快速決策而設計的。這就是為什麼許多 Scrum 團隊在想要承擔更多責任時，會遇到阻力的原因；他們就像是撞到了一層玻璃天花板，難以繼續前進。

作為領導者，我們須要自問並思考我們的領導風格能如何鼓勵團隊自己做出更多決策，同時逐步改變組織結構以支援和促進自我組織。

我們需要選擇我們的領導風格並防止團隊撞到玻璃天花板，以在團隊之前領先一步做好準備。

Scrum 就是「敏捷領導力」

Andreas Schliep
& Peter Beck

我們想簡要地解釋什麼是敏捷領導力（Agile Leadership）、為什麼以及如何將 Scrum 用作敏捷領導力的框架，以及如何將其付諸實踐。

敏捷領導力是一種遵循敏捷宣言價值，以在快速變化之環境中引導他人做出決策的方法。Scrum 是一個框架，可以幫助組織最佳化以提高敏捷性，並將現有文化轉化以符合敏捷價值。Scrum 的創始人還合著了敏捷宣言。

Scrum 框架僅定義了絕對必要的規則和產出物，以及三個角色的領導職責：

- 產品負責人是負責制定決策以最大化投資相關價值的領導角色。產品負責人透過制定優先順序來為團隊和整個組織服務。

- Scrum Master 透過改善工作系統的功能來發揮領導作用。Scrum Master 會在全局觀點下最佳化組織，並透過就完美目標做出決策來支援團隊和產品負責人。Scrum Master 的第二個重點是持續培育團隊。

- 團隊成員是（與其他開發團隊成員一起）透過開發解決方案來提高客戶滿意度的（共同）領導角色。團隊甚至可以說是最關鍵的領導角色；因為團隊才是實際管理工作並制定解決方案者。此外，團隊會透過平衡機會和風險來支援產品負責人。他們還幫助 Scrum Master 尋找改善工作環境的方式。

Scrum 作為一個框架向組織提出挑戰，要求它基於這三種領導力來建立領導系統。這個領導三角的穩固性足以確保不偏向任何一側，同時又最大地保持調適的空間。最重要的是：你無法不領導。領導眾人是每個人隨時隨地都在做的事。

將敏捷領導力帶入組織是一項永無止境的冒險。以下建議可幫助你將其付諸實踐：

1. 使用 Scrum 來學習敏捷領導力。敏捷價值無法從書本或網站中學習，而是必須透過行動和體驗的力回饋迴圈來將其內化。為此，你必須積極改掉舊習慣，以免造成干擾和混亂（*https://oreil.ly/Wsk6v*）。從錯綜複雜的環境開始嘗試也是明智的選擇；因為在這種環境中，變化是家常便飯。

2. 用原則作為領導的領導模式；這將幫助你理解在錯綜複雜環境之外領域的敏捷領導力。選擇與這些原則相容的方法，例如：看板（kanban）、改善法（kaizen）等精實管理實踐，或持續整合、測試優先等極限工程實踐（*https://oreil.ly/lHxuy*）。

3. 儘可能地避免透過引入新領導角色或新階層來解決問題。堅持 Scrum 提倡的領導三角，以儘可能地保持敏捷。你可以使用不同的名稱來為角色命名，但它們的核心應遵循 Scrum 定義的領導職責。

Scrum 也與組織改善有關

Kurt Bittner

Scrum 通常被定義為產品交付框架，因為 Scrum 能夠幫助團隊在每個衝刺中交付可運作之「完成」產品增量。以這種方式思考並沒有錯；經常為客戶提供價值是 Scrum 可以為團隊實現的最重要優點之一。

但是僅關注產品交付其實是把 Scrum 大材小用了。Scrum 實際上是一個持續改進的框架；可發佈的產品增量是其較明顯的成果之一。但是其真正的力量在於幫助團隊和組織持續提高他們為客戶提供價值的能力。

作為一個持續改進的框架，Scrum 專注於三個方面：

改善產品

理想情況下，每個衝刺都會依照產品負責人制定的優先順序來交付產品的可運作版本。Scrum 團隊會在一連串的衝刺中，逐漸且持續地提高產品交付的價值。

改善 Scrum 團隊

每一次的每日 Scrum 都為開發團隊提供了一個機會，使團隊得以重新調整當前的工作內容與方式。衝刺回顧又更進一步地幫助 Scrum 團隊檢查、調適和改進下一個衝刺的工作方式。

改善組織

產品是組織為客戶提供價值的一種手段。隨著時間的流逝，組織會經手許多產品和服務，對客戶的了解也會愈來愈深。Scrum 幫助組織透過產品交付價值，並運用市場回饋來檢查和調適，以提高其交付價值的能力。每個衝刺都是向組織目標邁進的機會，如下圖所示：

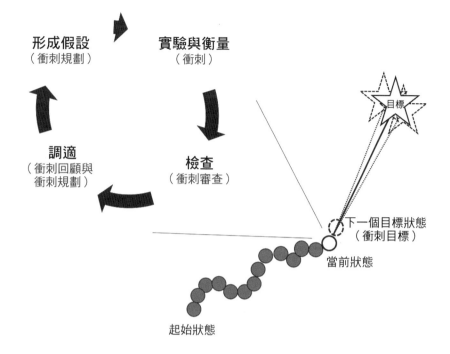

組織目標充滿了不確定性：它們是正確的目標嗎？它們是可實現的嗎？對於提供哪些產品、服務哪些客戶，以及期望的客戶成果之相關決策，都是組織為了實現這些目標而進行的實驗。產品負責人所制定的產品待辦清單相關決策，也是為了提高其產品對這些目標之貢獻所做的實驗。

每個衝刺實際上都是 Scrum 團隊為了追求更大目標而進行的一組實驗。衝刺目標是一個中間指標，是朝著目標所邁出的一步；在衝刺期間，團隊會衡量這些目標的實現進度；在衝刺審查中，團隊會評估所實現的內容；衝刺回顧會幫助他們尋找方法來提高實現目標之能力；在計畫下一個衝刺時，他們將運用所學的知識來形成新的實驗，以更接近最終目標。

Scrum 的目的不僅在於交付優質的產品，也包括實現更大的成就。因此，產品交付僅僅是一個開始。

網路與尊重

Paul Oldfield

雖然可能並不直覺而明顯,但 Scrum 其實是為了網路架構所設計的,而非階層式架構。Scrum 的設計是建立在自我組織的前提下;試圖在階層式的組織中採用 Scrum 會產生許多問題。請容我在此強調一個重要的面向。

階層式組織預設了權威的存在。即使在團隊中,每個人的資歷高低也會造成影響;無論其專業能力如何,位居上層的人士都會被認為具有權威性。如果要使自我組織運作良好,並促使網路也運作良好,那麼對等關係會是更好的思維。所有人即使實質上不是平等的,至少也會被以平等的方式對待。他們當然具有不同的技能和知識,以及不同的經驗水準;這些在階層式架構中被抑制的差異性,正是使網路如此有價值的原因。任何我們所不知道的事,網路中的其他人都有可能知道;同樣地,在某些時候,我們可能擁有其他人正在尋找的技能或資訊。儘管資訊流是雙向的,但有時其中一個流向可能會佔據較高的比重。不要專注於這種表面上的不平等;要專注於雙方從這種連結中所獲得的價值。

對於長期習慣於階層式思考的人而言,這種思維轉變可能會特別困難。在階層式架構中,資訊流的差異是晉升的關鍵;而將差異顯化的人將在階層式架構中獲得提升以作為獎勵。

為了使網路正常運作,我們需要建立尊重的原則;你可以將這個概念視為對該 Scrum 價值觀的具體實踐。我的方式是告訴自己:「每個人,絕對是每個人,都知道某些我所不知道的重要資訊。」起初你可能難以相信。請以保持開放的態度來觀察四周,你可能會發現這句話比你所認為的還要真實。不斷這麼告訴自己,使其根深蒂固地全面融入你應對世界的方法,並成為你的個人哲學。現在人們會努力與其他人合作討論出最好的想法,而不是努力在與其他人的競爭中推廣自己的想法。當我們以「每個人都知道一些重要的資訊」為出發點時,對話就開始轉向試圖揭露大家所知道的資訊,從而激發出好點子與有用的想法。

此概念顯然在自我組織的開發團隊中很受用。若再將其稍微向外延伸，它還能有助於團隊、Scrum Master 和產品負責人之間的關係。然而，能為組織增加可觀價值的其實是團隊外部的網路。想想看與同一產品上的其他 Scrum 團隊，以及其他產品上的團隊保持對等關係；想想看與組織內其他利益團體的關係；也許最重要的是：想想看與組織外部群體的關係。這些群體對其特殊興趣有各種豐富的知識，無論是 Scrum、軟體開發、業務領域，還是你需要的任何資訊，都有機會使你的產品更優質，組織更出色。

我想邀請你思考網路的可能性（即使你正處於階層式架構中）。

在安全（但非過度安全）環境中工作的力量

Jasper Lamers

我曾在濱海略雷特（位於西班牙哥斯大黎加）為我的社會文化人類學碩士學位進行田野調查。在 1990 年代初期的當時，這裡曾被比喻為現代的所多瑪與蛾摩拉——一個充滿性、毒品和酒精的地方。我想探討年輕人是否會前往那裡參加「成年禮」儀式，或者至少向成年跨出重要的一步。

我以 Johan Huizinga 的論述作為我的指引。在他的著作《遊戲人》（1938年 Random House 出版）中，他假設文化始於遊戲並受遊戲所驅動。他將遊戲定義為「任何有意識地獨立於一般生活之外、不嚴肅的自由活動，並且會強烈而徹底地吸引玩家的注意力。」Huizinga 認為遊戲比文化古老；它對於社會行為而言既是起源也是推動力。

我的研究很大程度地證實了我的假設。我研究的青少年在濱海略雷特度過假日，並「玩」了許多成年人的娛樂活動，包括抽煙、熬夜、喝酒，當然還有嘗試性誘惑和戀愛。許多經歷過的狂喜時刻，最後都帶來了不可避免的痛苦；但同時他們也在濱海略雷特這個「遊樂場」中，以驚人的速度獲得了「成人的智慧」。

現在再回頭看，我會把那些濱海略雷特假期看作是種「壓力鍋」。由於這個遊樂場與家鄉距離遙遠，因此年輕人可以自由地進行實驗、失敗和學習，而不會受到謠言或被「錯誤」之人發現的威脅；這使其成為極好的學習體驗。失敗所造成的嚴重傷害是可接受的，因為它發生在安全環境的範圍內；我們可以說：在略雷特發生的事情，就只會留在略雷特。

在 Scrum 中，道理也是相同的。在一定程度上，每個衝刺都是壓力鍋；團隊會全力以赴地在預定時間內取得成果，並儘可能減少來自正常（公司）生活的干擾。為了獲得最佳結果，最關鍵的是要儘早失敗。團隊建立

在錯誤假設上的工作時間愈長，修復錯誤的成本就會愈高；這就是 Scrum 具有這種輕量結構的原因。Scrum 的每個衝刺都相當短；而每日 Scrum 可確保不會錯過任何學習機會。

儘管我們可以將 Scrum 框架視為推動力，但 Scrum 價值觀才是真正的燃料。好奇心、敢於失敗、實驗、持續改進、創造力，這些全都與思維方式、文化和行為有關。公司應該協助維持 Scrum 環境的安全，這包括信任團隊而不干涉。就像在略雷特中一樣，*在 Scrum 中發生的事情，就應該留在 Scrum 中*。

這樣一個安全專注的環境將促進團隊的文化和行為。人們將在幾天，甚至幾小時內找到最佳的合作方式；團隊文化的基礎會在作為壓力鍋的「遊樂場」中被建立起來。正如 Huizinga 所說：「遊戲不僅是文化的驅動力，還是文化的起源。」

但請思考一下*安全意味著什麼*。只是*在安全的環境中玩耍並不會使你變得更聰明*；你必須面對足夠高的風險，才能激發出超越當前的能力。在專業的 Scrum 環境中，學習經驗可能正是團隊的價值所在。但是 Scrum 也有另一個目的：為客戶、使用者和利害關係人創造價值。

我們的專業「遊樂場」應該建立在自己版本的濱海略雷特中——安全，但非過度安全。

敏捷領導力的三位一體

Marcus Raitner

無論你如何看待 Scrum，《Scrum 指南》都很好地描述了敏捷產品開發背景下的三大領導面向：

- 價值創造的中心是開發團隊；該團隊可以自主工作並自我組織。

- 產品負責人作為產品「執行長」，負責管理產品待辦清單；但其更重要的職責是領導願景和方向。

- Scrum Master 作為僕人式領導，幫助產品負責人、開發團隊和組織其他成員找到更有效的合作方式。

Scrum 沒有定義像傳統管理者這樣的角色，因為許多（如果不是全部）傳統管理任務都已分配在這三個角色中。

在敏捷環境中，領導的成功不僅僅在於其定義的多個角色，還取決於三個面向：自我組織、定向和人道領導。我將其稱之為敏捷領導力的三位一體。

自我組織

敏捷組織中的價值創造是由團隊自主完成的。自我組織不僅在 Scrum 中佔有重要地位，還是敏捷宣言背後的基本原則，並且最終為將精實原則應用於軟體開發實踐的結果。事實上，自我組織作為有效產品開發團隊之基本特性，早在 Scrum（1995 年）和敏捷宣言（2001 年）之前就已存在了，並且絕對不是軟體開發所獨有的。早在 1986 年，竹內弘高和野中郁次郎就在他們的文章〈新新產品開發遊戲〉（The New New Product Development Game，*https://oreil.ly/R64-3*）中，將自我組織描述為他們研究過最成功產品團隊的六大特性之一。這些團隊快速而有效地開發了影印機、照相機，甚至是汽車等產品。

定向

自主性需要可遵循的方針。自我組織性愈強，就愈需要透過共同願景來確定方向；它是一種比任務指令強大許多的校準策略。這種定向是敏捷組織中不可或缺的領導任務，因此在 Scrum 中會透過作為產品「執行長」的產品負責人角色來明確體現。只要領導力以目的和信任為基礎，而非命令和控制，則自主性和定向之間就不會相互排斥，而是會相互補充甚至強化。

人道領導

除了注重可確定方向的共同願景之外，適當的領導始終兼具人道與系統性。領導可以營造出一個系統和環境，使人們得以在其中發揮最大的潛力並進行緊密的合作；因此，這種領導主要的服務對象是人類。他們像園丁一樣努力維護一片沃土，使人們得以在其中成長並培育出優良的成果。這就是為什麼我們需要 Scrum Master 的原因。這個角色經常被低估和誤解，但實際上它的存在使得敏捷組織中的這種人道和系統性領導得以實現。

還有其他的嗎？

在傳統組織中，敏捷領導力的三位一體全部都混合在單一管理角色中。通常，根據個人傾向和當下狀況的不同，容易過分強調某些方面並忽略其他方面，從而造成一種失衡。因此，Scrum 的一項重要貢獻是透過嚴格劃分產品負責人、開發團隊和 Scrum Master 角色之間的權力，來明確區分各個領導角色。

敏捷組織在各個層級（包含產品交付團隊外部）實施這種權力劃分的方式愈嚴格，對傳統管理角色的需求就愈低。也許這就是為什麼實行權力劃分並廢除傳統管理角色，是衡量組織邁向敏捷轉型的一個良好標準。

驅動敏捷轉型的
「MetaScrum」模式

Alan O'Callaghan

Scrum 框架的美妙之處在於：你只需要一個自我組織的開發團隊、專業的
Scrum Master 和敬業的產品負責人，並遵循具有嚴格時限的檢查與調適
循環即可；然後你就可以開始感受敏捷所帶來的樂趣。Scrum 團隊的工作
不可避免地會與整個組織的既有流程相衝突，並系統性地揭露其產品開發
過程中的所有問題。人們通常只有在這個時候才會意識到，要達到可持續
的敏捷，就必須在整個組織中進行重大變革；否則將無法獲得 Scrum 所
帶來的諸多好處，也無法提高組織的敏捷性。

每個組織都需要找到自己的敏捷轉型之路，但其中有許多組織都採用
「MetaScrum」模式（*https://oreil.ly/LBoXn*）。

Jeff Sutherland、James O.Coplien 和 Scrum 模 式 小 組（Scrum Patterns
Group）在其所合著的《Scrum 精神指南》（*A Scrum Book: The Spirit of the
Game*，2019 年 Pragmatic Programmers 出版）一書中，對此模式有一段
很好的短述：

> *Scrum 團隊已就位；但是舊式管理結構的方向（或干擾的威脅）*
> *會導致人們對產品內容和方向的控制源感到困惑……因此：建*
> *立一個 MetaScrum 論壇，以使整個企業可以在組織中的每個*
> *Scrum 層級上，遵循產品負責人所制定的待辦清單。*

MetaScrum 模式第一個為人所知的運用，是在 2003 年的 PatientKeeper；
它是一場由（高階）管理層圍繞整個公司產品投資組合進行協調的定期論
壇。執行長參加了該場會議；他沒有干預，只是積極地消除了所提出的
障礙。在 3M，一名部門執行長擔任了 MetaScrum 的產品負責人。丹麥的
Systematic 公司和瑞典的 Saab 國防組織在管理高層也都設有類似的論壇。

這些範例皆來自於已完成 Scrum 轉型的組織；但是 MetaScrum 模式也可以用於轉型過渡期。新 Scrum 團隊的產品負責人經常會發現自己被來自組織不同部門的大量新請求給分散了注意力；管理者會試圖干擾產品待辦清單，或者在支援可能相依於外部廠商的 Scrum 團隊方面過於被動。

在這種情況下，MetaScrum 允許整個組織在各個層級上，針對 Scrum 團隊正在進行的工作完成協調；這是管理者可以提出新請求的唯一場合。只要產品負責人的權力沒有被剝奪（尤其是拒絕的權力），在其中的每個人就會被迫使將其特定問題的價值與整個組織的價值進行比較。通常只有透過 MetaScrum，一些管理者才能真正了解產品負責人角色的固有功能，及其管理產品待辦清單的重要性。作為結果，有些人甚至開始將負責產品視為一種職涯發展！

MetaScrum 的目的並不在於產品方向的管理控制；但是，它作為所有產品間決策中心所產生的透明性，使產品負責人得以對執行管理層所定義的策略保持敏銳。產品負責人可以調整自己的計畫以符合群體需要，協調和解決投資組合層級的問題，並改變產品之間的優先順序以確保其與整個組織的業務目標保持一致。高階管理者可以更好地了解產品待辦清單如何支持公司目標；中階管理者（通常是不必要干擾的來源）可以更輕易地了解其特定問題的總體優先順序。簡而言之，應用 MetaScrum 模式可以創造良好的環境，促使組織往業務敏捷性更快速地發展。

Scrum 與組織化設計實戰

Fabio Panzavolta

一家擁有 30 多年歷史的公司，其所有的組織習慣和實踐都是在這段時間建立起來的。這樣的公司系統實在太過錯綜複雜，難以在很短的時間內進行整體變革。

然而，在與這樣一個組織的合作過程中，我們確實感到有必要朝著提高敏捷性的方向來進行變革。我們覺得沒必要，也沒有那個雄心壯志，試圖透過一個大規模的「敏捷轉型」來改變整個系統；相反地，我們決定進行隱性轉型。我們選擇了一個有形產品，並引入 Scrum 來處理其進一步的發展和演變。

我們有兩個明確的目標：1）滿足執行長的目標，也就是改善所選產品的上市時間、品質和客戶滿意度；以及 2）揭露組織中應該改進的地方。

經過一年的試驗和探索，包括透過培訓和工作坊來提高所有該產品相關者對 Scrum 的理解，我們大大改善了開發團隊的專注度。這不僅提高了品質和速度，還增強了團隊內部的交叉學習。為此，我們必須解決的一個重大障礙，是使組織接受該團隊現在只專注於我們所選擇的產品。

至於第二個目標，我們揭露了組織對 Scrum 的重大障礙。我們不斷對董事會成員提及這些障礙，以使他們保持覺知。業務與工程之間的合作仍然是一個重要的改進領域；產品所有權被分散在太多人之間，從而影響了願景和方向；消除障礙的管理決策往往很慢；員工人力太過分散，從而限制了他們執行和從深度實驗中學習的能力；員工所承受的合規壓力造成並加劇了此狀況，因為組織衡量員工「成功」的標準，是透過其對內部流程的尊重程度，而非透過諸如客戶滿意度之類的指標。

若不是大家都看見了 Scrum 的價值，並為公司邁向更高敏捷性做出了各種不懈的努力，我們的許多實驗將不可能完成。我們知道這趟旅程會很漫長；我們為取得的每一個小小進步感到滿意。

然而，事實證明任何一位董事會成員對 Scrum 的支持、幫助和信任都極其關鍵。如果身邊有一位了解組織內外、能夠敞開大門，並願意嘗試其他方法來幫助消除障礙的推動者，你將會如虎添翼。這也是提高不同組織層級實驗標準的成功因素之一。

我覺得我們就是活生生的證據。我們證明了儘管 Scrum 對於組織結構沒有任何規定，但如果不更新組織，就不可能運用 Scrum 來改善產品的上市時間、品質和客戶滿意度。

對於你的組織現狀，我有幾個問題想問：

1. Scrum 對你組織的最大影響是什麼？

2. 你今天有什麼工作是可以透過 Scrum 來改進的？

3. 若要實現你的預期目標，你認為有什麼是 Scrum 幫不上忙的？

思考大規模

James O. Coplien

Scrum 最初概述於《Scrum 指南》，是一個由單團隊開發、交付和維持錯綜複雜產品的框架。[1]

如今，隨著大型組織逐漸轉向尋求敏捷的優勢，眾人開始期待大規模框架能幫助大型組織更好地適應敏捷。大規模框架的運作方式是軍事階層制；但階層制並不利於敏捷的個人和互動。在 Scrum@Scale 之「團隊組成的團隊（team-of-teams）」階層結構中，每個節點下都有五個子節點（其他團隊或單一開發人員）；一個由 625 人所組成的組織，其開發人員間的平均躍點數（hop）為 7.5。而根據小世界理論[2]，地球上的每個人之間都由至多六個躍點連結在一起。Scrum@Scale 在 625 個人之間所建立的連結，竟還不如整個地球 80 億人口的社會人際網路。

但是很少有 Scrum 的開發規模需要到這麼大。採用大規模框架的理由包括以下假設：一小群人的集體智慧不足以處理錯綜複雜之產品領域；然而人類的心智是無限的。另一個理由是生產力；但 Scrum 的發言人曾提及可以透過改善法（kaizen）來將開發速度（velocity）提高幾個數量級。如果要在更好的流程和更大的組織之間做選擇，答案應該很明確。Borland QPWs[3]、Skypes 以及其他歷史上的成功者，都證明了小型團隊擁有建構大型事物的能力。

但是，做生意需要的不僅僅是五個開發人員、一個產品負責人和一個 Scrum Master；你還需要分銷管道、銷售和市場營銷。優秀產品負責人的團隊可能包括示範店、分析師和許多其他人員；他會有負責處理工資和退

---

1 Jeff Sutherland, "The Scrum At Scale® Guide," Nov. 26, 2019, *https://oreil.ly/UKQpB*.

2 "Small-world experiment," Wikipedia, last updated Feb. 21, 2020, *https://oreil.ly/jWpni*.

3 James Coplien, "Examining the Software Development Process," Dr. Dobb's 19(11) (Oct. 1994): 88–95.

休金的人事部門，還有負責支援客戶服務的客服部門。我們常常假裝我們可以將這些與開發隔離開來，但這是從「放手去做，夢想就會成真」電影風潮而來的一個迷思。

在這當中，有許多人需要與開發保持良好聯繫；如今，它的名字叫企業 *Scrum*。而階層制並沒有將其削去。

那小世界理論是如何處理這個問題的呢？利用*樞紐*（*hub*）。隨著網際網路的出現，我們發現網頁中存在著一種連線模式，其中所有事物是由極少數具有極高連結度的節點來將其連結在一起；這種網路稱為*無尺度網路*（*scale-free network*）[4]。從 Carl Castillo 在維基百科的圖中，我們可以看到這些被標記出來的樞紐。每個網路都有多個「頂點」，因此它也適用於組織結構。

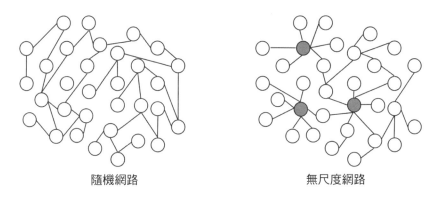

隨機網路　　　　　　　　　　　　無尺度網路

要經營一家敏捷企業，就需要引入這樣的樞紐並培養潛在樞紐，而不是透過最不常見的管理者來傳遞資訊。大規模 Scrum 方法中指出了一些樞紐結構其實數量太少而不適用於無尺度網路；例如：管理多個 Scrum 的 Scrum（Scrum of Scrums）。

好的樞紐有哪些？公會、系統測試、架構、程式碼管理員、茶水間。管理尤其重要：削弱與授權計畫之間的管理連結，將會使團隊無法協調。[5] 敏捷意味著要從當下的極端潮流中向後退一步，去追尋那些已經過時間考驗、運作良好的方法。

4　"Scale-free network," Wikipedia, last updated Feb. 25, 2020, *https://oreil.ly/b-haU*.

5　Charles Heckscher, "The Limits of Participatory Management," Across the Board 54 (Nov.–Dec. 1995).

第十部分

Scrum 的延伸

Scrum 的起源
可能與你所想的不同

Rafael Sabbagh

> 如果將 *Scrum* 應用於軟體開發，它將會是這樣的：……你透過在
> 每個〔傳統開發階段〕精心挑選人才來組建團隊……你接著向
> 他們說明要解決的問題，並……告訴他們目標是用一半的時間
> 和資金來打造系統，並且效能必須是其他系統的兩倍，從而使
> 團隊感到不安。接下來，你說如何完成任務是他們的問題。
>   ─《邪惡的問題、正義的解決方案》（*Wicked Problems, Righteous
>   Solutions*），*Peter DeGrace* 與 *Leslie Hulet Stahl* 著（*1990* 年
>   *Prentice Hall* 出版）

我們今天所知道的 Scrum 框架，正式公開發表於 1995 年；它記錄了 Jeff
Sutherland 和 Ken Schwaber 從 1992 年開始開發的工作方式。Sutherland
和 Schwaber 經常提及〈新新產品開發遊戲〉（The New New Product
Development Game）一文；該文由竹內弘高和野中郁次郎於 1986 年在
《哈佛商業評論》上發表。[1] 他們將該文章視為 Scrum 框架的主要靈感來
源。這些日本商科教授對開發新產品的公司領域（例如汽車、印表機、影
印機和個人電腦）進行了廣泛的研究。在文章中，作者使用橄欖球比賽來
類比，描述較成功公司之新產品開發團隊的工作方式；而該方式的核心在
於自我組織和有助於成功的限制。

文章中使用了「*scrum*」這個詞作為隱喻；其根源是來自於一種在橄欖球
比賽中，用於使球重新回到比賽的隊形。隨後於 1995 年，Scrum 的創立
者就用這個詞為其框架命名。

---

1 Hirotaka Takeuchi and Ikujiro Nonaka, "The New New Product Development Game," Harvard
  Business Review, Jan. 1986, *https://oreil.ly/kBq_y*.

或者，有些人是這麼說的……

有跡象表明 Sutherland 和 Schwaber 的聲稱並不完全屬實。《邪惡的問題、正義的解決方案》一書於 1990 年出版。如先前的摘錄所示，正是這本書提出了一種想法，欲將竹內弘高和野中郁次郎所描述的實踐應用於軟體開發；也正是在同一本書中，這種新的工作方式被稱為 *Scrum*。

我們必須公平地指出，這本書並沒有提出詳細或可用的方法來將這些想法付諸實踐。作者僅解釋了瀑布式模型為何不適用於軟體開發，並提供了可能的替代方案，其中包括（他們所稱呼的）Scrum。

Sutherland 和 Schwaber 在 90 年代上半推動了實際 Scrum 框架的建立；他們根據其工作實踐經驗，定義出規則、角色、事件和產出物。從那時起，他們就不斷發展並持續維持此框架；因此這些功勞都理應歸於他們。

Jeff Sutherland 在 Scrum 成立之初，曾於所著的至少兩篇文章中提及《邪惡的問題、正義的解決方案》[2]；他強調這本書對在 Easel Corporation 推出 Scrum 產生了重大影響。不幸的是，這本書的作者從未得到應有的實質榮譽；他們的初期重要性反而隨著時間的流逝而逐漸喪失。但他們是首先提出將竹內弘高和野中郁次郎所描述的方法應用於軟體開發的人，也是實際將這種方法命名為 Scrum 的人。

2　Jeff Sutherland, "Agile Can Scale: Inventing and Reinventing SCRUM in Five Companies," Cutter Business Technology Journal Vol. 14, 2001: pp. 5–11; and "Agile Development: Lessons Learned from the First Scrum," Cutter Agile Project Management Advisory Service: Executive Update Vol. 5, No. 20, 2004: pp. 1–4.

「常設會議」

Bob Warfield

我在萊斯大學就讀期間（1979-1983 年）曾聽過斯圖亞特‧費爾德曼（Stu Feldman）的演講。在那之後，我開始實行每日會議，以及由 Quattro 方法論所帶來的其他原則（*https://oreil.ly/SfpLe*）。

費爾德曼於 1976 年在 Bell Labs 發明了 UNIX 的自動化建置工具 Make。當時，他對 Make 的定位提出了令人驚豔的觀點：Make 是一種使更多開發人員有效率協作的方法。他的論點是：我們不知道該如何讓七個左右的開發人員順利協作。你可能知道電話號碼之所以有七位數字，是因為這是人類短期記憶的平均數量；好的選單設計會建議不超過七個條目，以免我們在閱讀最後一個條目時忘記了第一個。費爾德曼認為軟體開發主要的問題在於**溝通**；因此他將同樣的想法套用於適合協作的開發人員數量。

當我在創辦一家必須迅速發展的小型新創公司時，我想起了費爾德曼所說的溝通瓶頸問題。我們沒有機會編寫大量的規範和文件；我們人力不足，而且我們面對的目標經常變動。我們的目標是保持流動、反應快速，並且高度由資料所驅動，而非由初創時期建立的朦朧願景所驅動；這驅使我們朝著直接解決溝通問題的方向邁進。我們每天都必須與所有開發人員同步狀態。

我們之所以將其稱為**常設會議**（*standing meeting*），是因為沒有人必須計畫或安排這個會議，甚至是將其放在行事曆上。這個會議是常態性的；不是因為有人必須站起來。

我們會在這個常設會議中做快速、非正式的程式碼審查；我們在這之中詢問彼此的系統，以及所選設計的決策理由。我們會特別注意是否有人的程式碼必須與其他開發人員的程式碼進行溝通；這麼做極大地幫助了我們避免過早最佳化，或做出不符合標準的架構決策。透過討論，我們可以了解

有關設計的更多資訊並對其進行最佳化，同時還可以確定要測試的內容和最佳的測試方法。

回首過往，我們當時直觀地將團隊智慧應用於解決困難的問題。我們將面臨的問題全部開放，使彼此在互相幫助的同時也能從中學習。這幫助了我們快速找出在實現目標前會面臨的潛在問題和挑戰，以便在問題變得太大之前儘早著手處理。

無論每日會議的實際名稱是什麼，它都是開發人員的會議，而不是行銷人員試圖追究開發人員職責的場合。後一種情境是一直以來我最常看到敏捷實踐出問題的原因之一。

Scrum：
解決問題與科學方法實戰

Si Alhir

「什麼是 Scrum ？」這個典型的問題值得一個典型的答案。

Scrum 是一種將巨觀的解決問題與微觀的科學方法融合在一起，以應對錯綜複雜環境的綜合體。Scrum 建立了一個框架，將解決問題和科學方法融合在一起，並制定出角色、事件和產出物，以及將它們維繫在一起的規則，以便在錯綜複雜的環境中操作、完成錯綜複雜的工作，並產生錯綜複雜的結果。

錯綜複雜性存在於因果之間存在差距的地方；也就是說，在環境、工作或結果的因果之間存在差距時，就會有錯綜複雜性存在。環境、工作本身的性質，或最終解決方案中都可能存在未知數。這些未知數只會在工作期間，在結合科學方法來制定解決問題的方法時被發現。

解決問題的本質是發現、定義、開發和交付問題的解決方案。科學方法的本質是實驗。當兩者結合起來時，解決問題和科學方法的融合結果，就是進行實驗以找到問題的解決方案並克服差距。

制定解決問題和科學方法涉及行動、意圖和結果（AIR，Actions、Intentions、Results）。沒有行動就無法實現；沒有意圖就不會有方向；結果則是意圖和行動的產物。

請容我透過 AIR 來表達 Scrum。

為了應對錯綜複雜性，結果負責人、行動團隊和動態負責人會共同合作，透過實驗來成功找到對問題有價值的解決方案。

結果負責人會透過讓行動團隊參與探索和定義價值的結果來負責結果。意圖表示出預期的結果；會有一個清單列出結果中需要滿足的所有意圖。結果是意圖的真正實現。本質上，意圖表示出問題的解決方案；而結果是實際的解決方案。

行動團隊會透過讓結果負責人參與開發和交付價值結果來負責行動。行動表示出根據意圖實現結果的方式。行動團隊會選擇如何最好地實現結果；即團隊是自我組織的。行動團隊擁有實現結果所需的所有能力；即團隊是跨職能的。本質上，實驗是透過行動來表達的。

動態負責人負責結果負責人、行動團隊及其工作環境之間的動態。結果負責人會和行動團隊同心協力、相互依存；而動態負責人會與結果負責人、行動團隊和環境一起合作，以確保取得成功。

事件會在結果負責人和行動團隊之間建立規律性。具有時限的總體事件就像是個容器（有限制的時間窗格），用來逐步轉移大家的焦點以實現目標。每個容器均會從一個規劃事件開始；隨後有定期的接觸點事件以確保同步；以審查事件作為結束以展示進度；最後透過回顧事件進行改善。

比起將 Scrum 稱為另一種交付流程，「什麼是 Scrum ？」可以有更精彩的答案。Scrum 是解決問題和科學方法的融合，可以在錯綜複雜的世界中引領我們前進。Scrum 定義了結果負責人、行動團隊、動態負責人、列出意圖的意圖待辦清單、列出行動的行動待辦清單、結果，以及將它們維繫在一起的事件和規則。

Scrum 事件是
確保豐收的儀式

Jasper Lamers

如果瑪格麗特·米德（Margaret Mead，1901-1978 年）有機會參加 Scrum 事件，身為人類學家的她肯定會大感興趣。這種奇特儀式的目的是什麼？這些人聚集在一起是透過哪些神秘的方式來促進群體認同？這位擔任儀式主持人、像是薩滿的女士是誰？作為「Scrum Master」的人是否都在某處藏有刺青？而這個產品負責人又是什麼角色？在成為「負責人」之前，他必須與哪些對手戰鬥並取得勝利？

她很快就會知道，這些刺青實際上是可以從網路上獲得的徽章和證書；產品負責人是由整體公司根據組織評估來任命的。她會發現 Scrum 事件是一種重複舉行的儀式。團隊使用有時間限制的閾限來檢查他們邁向卓越的狀態，並根據需要進行調整。他們為他人建立和維護產品；該產品最好具有吸引力，以證明投資的價值。*Scrum 事件是確保豐收的儀式。*

從人類學的角度來看，儀式將人們維繫在一起；儀式經常能解決群體內部的社群緊張局勢。儀式可能會提供一個受控的機會，使事物得以超越一般限制進行；人們可能會為了強調其核心價值的邊界，故意以受控的方式跨越它們。泰瑞·特佩斯特·威廉斯（Terry Tempest Williams）在其著作《白殼碎片》（*Pieces of White Shell*，Pieces of White Shell 出版）中寫道：「儀式是恢復和諧的公式。」儀式可以是一次性的事件，例如某種狀態的開始（出生、婚禮）或結束（喪禮、離婚）；儀式也可以重複出現，例如生日。許多儀式都有其精神根源，例如向神祈求繁榮；儀式能幫助團體傳達他們最大的恐懼和希望。

在太平洋萬那杜島上，每年都會舉行一個著名（且奇特）的儀式叫作 Gol。這個儀式也被稱為陸地俯衝，目的是向神祈求豐盛的山芋（一種異

國蔬菜）。男孩和男人會自願爬上一個高達 30 公尺的木製平台；他們將藤蔓綁在腳踝上，在沒有任何其他安全裝置的保護下直接往下跳。這個儀式經常造成嚴重的骨折，有時甚至死亡。儀式的目的是取悅眾神，以換得神賜予的豐收作為祝福。從人類學的角度來看，它還有其他作用：男人會藉此展現自己的力量、勇氣、男子氣概，以及上述所帶來的地位；男孩會展示他們已不再是孩子。除了展現男子氣概之外，Gol 還加強了群體認同感；因為人們是冒著生命危險在謀求更大的群體利益。此外，還有唱歌、跳舞、美食和飲料！時至今日……它還帶來了金錢；因為有許多觀光客受 Gol 的奇特性吸引而來。

與世界各地大多數的儀式一樣，Scrum 事件也具有儀式的目的和規則；它們會以一定的節奏在同一地點進行。每個事件都提供了重新連結以及恢復和諧與統一的機會，從而確保了豐收；這種激勵效果可與 Gol 的過程相提並論。但幸運的是，團隊成員不須冒生命危險；產品負責人也不須與其他人爭鬥，來儀式性地主張並強調產品的所有權。最重要的是，Scrum 團隊不會寄望眾神來解救他們；他們透過儀式來將事情掌握在自己手中，藉此來確保豐收。

我們如何使用 Scrum 來與外部機構協作

Eric Naiburg

人們經常說 Scrum 團隊必須在同一地點，或者必須在同一家公司工作；但事實並非如此。Scrum 的目的在於解決錯綜複雜的問題；與來自不同公司的人組成分散式團隊甚至會增加錯綜複雜性，從而提高 Scrum 的價值。

為了推出新的 Scrum.org 網站，我們需要將各個不同地方的知識和才能聚集起來。除了尋找一間具備所需專業技術的機構之外，我們顯然還需要找到願意採用 Scrum 的合作夥伴。

但是，除了 Scrum 的規則之外，對我們的工作條件稍加注意也會有很大的幫助。

在與候選機構進行合約協議談判時，我們不想在初期就將合作模式固定為一個為期 18 個月的專案，從而失去隨著進度發展和學習的能力。然而，我們也確實了解該機構對某些安全性的需求。我們很快就找到了折衷方案：我們同意購買一些衝刺，並隨時可以在四週前（一到兩個衝刺）提出要求來延長或取消。

我們的 Scrum 團隊是跨職能和跨組織的；團隊成員包括來自 Scrum.org 的產品負責人、來自該合作機構的 Scrum Master，以及由雙方員工所組成的開發團隊。將雙方的開發人員都納入至團隊中，可以幫助我們轉移長期維護 Scrum.org 網站所需的知識和技能，並使 Scrum.org 的開發人員得以將其對現有系統的知識和理解帶給團隊。

我們的 Scrum 團隊跨越了三個時區，成員來自加拿大和美國六個不同的州和省；但這並沒有阻止我們成功執行專案。

考慮到團隊的分散方式，我們需要緊密的溝通方法；這包括了即時訊息、程式碼審查和版本管理、具備螢幕共享功能的團隊和一對一視訊會議，以及虛擬 Scrum 板。我們建立起這些溝通機制，以使來自不同公司的每個人，每天都能即時且動態地共享資訊。

除了讓所有參與人員對於 Scrum 都保有共識之外，我們還花了一些時間來制定清晰的工作協議。事實證明，這是非常重要且有價值的；因為許多團隊成員不僅分散於多個組織，並且對於彼此以及共同協作都還很陌生。我們成為了超越傳統廠商關係的「一個團隊」。團隊根據時區安排了所有成員都方便參與的每日 Scrum，並將衝刺的週期定為兩週。

為了加快熟悉新舊技術的腳步，團隊決定進行結對；它最終帶來的效果非常強大，以至於我們後來一直都以這個方式進行開發。它提高了團隊內部的凝聚力，促進知識轉移，並使團隊成員更加往跨領域發展（comb-shaped）。

在這條路上進一步幫助我們的是：產品負責人被賦予實際負責產品的權力；而 Scrum Master 被賦予挑戰所有相關人員的權力。在將主要重心放在衝刺目標的同時，我們逐步推出了新網站，並在過程中獲得了來自各種類型之利害關係人（外部使用者、內部使用者、合作夥伴和潛在使用者）的大量回饋。

Scrum 在警察工作中的應用

Sjoerd Kranendonk

Scrum 作為框架最著名的特性在於其經驗主義的產品交付和資訊科技產品開發。但是，它也已被用於解決其他錯綜複雜的調適性問題，包括人力資源、市場行銷、警察工作、教育（eduScrum）、公司運營等方面。

我曾在一個警察團隊中擔任 Scrum Master；這個團隊致力於偵查和預防網路犯罪。此工作幫助了我探索如何在非資訊科技領域中看待增量（一種強制性的 Scrum 產出物）。

起初，因為大多數人都認為增量是已完成的產品版本，所以感覺它是個很棘手的概念。增量是 Scrum 開發團隊在整個衝刺中所建立的。但是，《Scrum 指南》的定義為在非資訊科技環境中應用此概念留下了足夠的空間：

> 增量是在衝刺結束時支持經驗主義之可檢查且已完成的工作。
> 增量是朝著願景或目標所邁出的一步。

雖然這樣的定義可能會令人意外，但增量並不是軟體或資訊科技獨有的概念；不過，此定義也很抽象。我們最終可以將其產出歸納為具備以下特徵：

- 可以檢查
- 被假定是有價值的
- 處於「完成」狀態
- 是實現願景或目標的一部分

在將增量的這些特徵套用到警察工作中時，我們發現其概念基本上不需要改變。

偵查工作

在偵查工作方面（可能影響罪犯定罪），我們發現警察團隊會以檔案和說明的形式來建立產出。這些產出隨後將交予檢察官使用，且在法庭上為有效文件。在建構此類證據的過程中，警察團隊需要保留完整系統性的記錄，以及對證據建構方式的描述；其中也包括需要將相關的更改和資料輸入到資訊科技系統中。我們為自己設定了一個目標，即在每次衝刺結束時，這些檔案都應處於完成狀態——沒有任何可作為案件有用證據的相關記錄事項遺留或遺失。

記錄和產生的案件檔案是一種產出，有助於實現使世界更加公正安全的願景，同時透過在法庭上審理產生威懾作用。

預防犯罪

警察團隊在預防犯罪方面創造的產出通常是活動或出版物，以幫助教育大眾和組織對網路犯罪有更強的抵禦能力；這些類型的公共資訊必須在內容、圖像和語言方面符合既定的傳播規則和法規。我們希望這些活動或出版物（在衝刺結束前）處於一種特定狀態，即無須任何進一步的調整就可以用於預防活動上。但這些產出可能仍需要在多個衝刺中增修後才能真正發佈。

這些團隊的作法並不利於使網路犯罪影響最小化的總體願景；一種重要的策略是分享和推廣預防手段，從而使網路犯罪更加困難。

由於我們將 Scrum 應用於警察工作的嘗試才剛剛起步，因此仍然有很多面向有待發掘。我們期待能透過增量來尋找增加 Scrum 透明性的改進機會。

生而敏捷：
教室中的 Scrum 案例

Arno Delhij

作為敏捷教練或 Scrum Master，你很可能曾在工作中遇過人們表現出抗拒。我們與在老牌企業中事業穩固的人合作，通常透過採用 Scrum 來幫助他們改以敏捷的方式工作。儘管有時人們會對 Scrum 一見鍾情，願意立即全心全意地擁抱 Scrum；但我們也經常會遇到抗拒。我們覺得我們必須教導人們接觸新事物，並採用新的工作方式。作為敏捷教練或 Scrum Master，看來我們必須教會人們如何在調適性和自我組織方面變得敏捷。但是，真的是這樣嗎？我們是否天生就只具備在傳統組織之傳統環境中行動的能力，而這些組織除了命令與控制的工作方式之外別無其他？我們的DNA 是否將我們限制為只能遵循強加給我們的計畫和指示？

你是按照計畫來學習走路或騎腳踏車的嗎？當然不是！你是透過試錯法：檢查並調適。在六歲以前，純粹基於（經常）失敗並從教訓中調適的人類活動多到不可思議；但當人們在六歲左右開始上學時，這種情況有很高的可能性會改變。儘管學校偶爾會使用創新的方法，但大多數學校都採用命令控制式的教學方式，給需要學習的孩子很少或零自主權。在某種程度上，我們可以說自己在進入學校之前都是*敏捷*的（自我調適和學習）；但從開始上學的那一刻起，我們必須將所有這些敏捷能力留在家裡，然後按照指示來做事。敏捷教練和 Scrum Master 現在面臨的挑戰是：激發人們發掘他們本來具有，但被壓抑且埋藏許久的能力。

如果我們以敏捷的方式來組織孩子的學習，藉此保有孩子的敏捷能力；同時也強化這些能力以幫助他們應對未來的工作呢？我們現在有許多擁抱敏捷和 Scrum 的教育計畫；而孩子們在課堂上運用 Scrum 的成果非常亮眼。他們為自己的學習負責，並透過燃盡圖來監控自己的學習進度，而非官方學習目標。他們很早就能知道自己的進度是否落後，這使他們有時間

和空間來自我調整並回到正軌。當他們提前完成計畫時，他們仍然會努力學習。整個概念都基於內在動力而創造並蓬勃發展。小型團隊會在學習主題上緊密合作，同時也花時間反思自己的學習過程和學習者角色。在最著名的框架之一 eduScrum（*https://oreil.ly/MbERJ*）中，「完成」的定義與「樂趣的定義」（作為工作協議）相輔相成。eduScrum 團隊就像傑出的 Scrum 團隊一樣通常會提早交付；他們喜歡自主決定如何進行學習。

如果我們想投資組織和企業建立敏捷，儘早開始進行 Scrum 培訓是很值得的。那麼何不從我們的孩子開始呢？與其未來還要重新教會他們敏捷，不如現在就努力保留他們內在的敏捷能力吧！

在教育領域中應用敏捷：
eduScrum

Willy Wijnands

我相信 Scrum 可以滿足當今瞬息萬變的市場需求；更重要的是，它可以體現敏捷的思維方式。未來的勞動者將須應對這種瞬息萬變的市場所帶來之挑戰，並適應新的工作方式。不幸的是，當前的教育系統沒能跟上這些變革；教育的供給結果和市場需求之間有著很大的差距。

我相信 eduScrum（*https://oreil.ly/MbERJ*）作為我們在教育系統中應用 Scrum 的方式，可以成為縮小教育系統與市場需求之間差距的橋梁。

eduScrum 的初始原則是自主性和真實性。我相信孩子們有能力承擔責任，也可以團隊合作；他們比傳統系統所認為的更不需要倚賴老師的協助。當我們信任學生可以管理自己的學習流程時，他們將對自己的所作所為負責。作為老師，我給予他們所需要的自由和空間，並在一旁隨時提供促進與指導。

對我來說，一切都始於個性的發展；在此基礎上，學生會變得更加投入。透過內在動力的激發，他們將有更高的生產力，並在獲得更多樂趣的同時表現得更加傑出。

eduScrum 是一個積極、協作式的教育流程。eduScrum 允許學生遵循固定的節奏來完成作業，並在衝刺中組織學習。學生會自主計畫並決定自己的活動，其中也包括獨立追蹤自我進度；老師會根據學習目標來建立作業。但是，老師在 eduScrum 中的角色並非授課者；他們只會在旁提供指導、教導、促進和建議。eduScrum 顛覆了教育！我們的教育從由老師驅動，轉變成由學生驅動並組織。老師決定原因和內容；學生決定方法。我甚至曾經遇過學生可以自行決定原因、內容和方法。

學生會從個性和才能的角度來探索自我及其能力。從旁觀看學生們不斷自我發展是一種絕妙的體驗；我發現運用 eduScrum 的學生都會經歷強大且正面的個人發展。他們透過與小團隊合作並探索如何運用可支配的資源來了解自己的個人素質；他們會發現參與、承諾和責任的力量。他們進行自我反思訓練，同時也向同學提供回饋，並不斷改善自己和團隊的工作流程。

作為老師，我只有在團隊陷入困境或方向錯誤時才會介入。首先，我幫助他們理解他們所不懂的事物。接著，我幫助他們在探索這些未知的同時，能夠逐漸上手或重回正軌。最終，透過完全理解先前所不懂的事物，他們將獲取知識；而我認為這才是真正的教導。

作者群

Evelien Acun-Roos
Scrum 專家

Evelien Acun-Roos 是 Xebia 經驗豐富的敏捷教練，同時也是 Scrum.org 的專業 Scrum 培訓師。她對敏捷和 Scrum 有深刻的了解，並且知道如何將這些知識傳授給組織、團隊、Scrum Master 和產品負責人。她對敏捷的熱情主要著重在團隊和個人。她喜歡將團隊凝聚起來運作，然後幫助他們不斷改善；她已幫助許多不同組織的團隊變得更加敏捷。Evelien 喜歡為入門和經驗豐富的 Scrum 學習者提供培訓；她的培訓課程充滿了腦力激盪的學習活動。在課堂上，她傾向讓學習者自主學習，而非由老師教授知識。 Evelien 現與丈夫和三個孩子一同住在海爾蒙德（Helmond）。

〈使用腦科學來製作你的 *Scrum* 事件魔法棒〉，第 *154* 頁

Si Alhir
轉型領導者

Si Alhir 是 一 位 企 業 家、 作 家、 敏 捷 / 反 脆 弱 性（antifragility）和轉型的領導者、教練、顧問與實踐者（促進者）。他與個人、團隊和企業合作，整合業務、策略、領導力、文化、執行和技術，以在破碎的世界中獲得業務成果和增長。Si 與新創公司和財富美國 500 強公司合作已有超過 40 年的經驗。他的著作包括：《反脆弱性邊緣：反脆弱性實踐》（*Antifragility Edge: Antifragility in Practice*，2016 年 LID 出版）、《透過參與發揮影響力：負責、行動、意圖和結果》（*Achieving Impact Through Engagement: Ownership,*

Actions, Intentions, and Results，2015 年自行出版) 和《自覺敏捷性：自覺資本主義＋商業敏捷性＝反脆弱性》(*Conscious Agility: Conscious Capitalism + Business Agility = Antifragility*，2013 年自行出版)。

〈*Scrum：解決問題與科學方法實戰*〉，第 *202* 頁

Peter Beck
Scrum 認證培訓師

Peter Beck 致力於建立為客戶和員工創造價值的公司。在 2004 年，他作為開發人員在德國最早的多團隊 Scrum 組織之一中第一次體驗了 Scrum。從那時起，他就為眾多開發團隊、部門、專案經理和業務主管提供 Scrum 的培訓和諮詢。他是 DasScrumTeam AG 的認證 Scrum 培訓師、聯合創始人和產品負責人。

〈*Scrum 就是「敏捷領導力」*〉，第 *180* 頁

Steve Berczuk
敏捷軟體開發者、團隊領導者與作家

Steve 是軟體開發人員，也是敏捷軟體開發方面的專家。他從 2005 年就開始採用 Scrum。作為一名認證的 Scrum Master，他擁有超過 20 年幫助團隊協作的經驗。Steve 是《軟體配置管理模式：有效的團隊合作與實務整合》一書的共同作者 (*Software Configuration Management Patterns: Effective Teamwork, Practical Integration*，2003 年 Addison-Wesley Professional 出版)，並經常在 Techwell (*http://www.techwell.com*) 上發表文章。你可以前往 *http://www.berczuk.com* 查看 Steve 的文章和部落格，或者關注他的 Twitter @sberczuk。

〈*調適前先採用*〉，第 *12* 頁
〈*進行衝刺回顧並將其結構化*〉，第 *114* 頁

Kurt Bittner

Scrum.org 成員

Kurt Bittner 擁有 30 多年運用短期回饋驅動週期來交付工作軟體的經驗。他已幫助各種組織採用敏捷軟體交付實踐，包括大型銀行、保險、製造和零售業，以及大型政府機構。他注重於幫助組織建立強大、自我組織的高效能團隊，以提供客戶滿意的解決方案。他著有四本軟體開發相關主題的書，其中包括《Nexus 規模化 Scrum 框架》(*The Nexus Framework for Scaling Scrum*，2017 年 Addison-Wesley Professional 出版)。

〈*Scrum 也與組織改善有關*〉，第 *182* 頁

Gil Broza

敏捷思維與領導力教練

Gil 是企業敏捷教練、培訓師、促進者、演講者、管理者與開發人員，擁有 20 年在各種環境中實戰的經驗。他擁有並引領 3P Vantage，幫助組織以最小的風險和挫折來提高敏捷性和團隊績效。透過務實、現代化和給予尊重的指導，Gil 協助領導者和開發團隊自訂具調適性的工作原則。Gil 的著作包括：《敏捷思維》(*The Agile Mind-Set*，2015 年 CreateSpace 獨立出版平台出版)，《敏捷的人性面》(*The Human Side of Agile*，2012 年 3P Vantage Media 出版) 和《非軟體團隊的敏捷》(*Agile for Non-Software Teams*，2019 年 3P Vantage Media 出版)。

〈*思維遠比實踐重要*〉，第 *4* 頁

James O. Coplien

Scrum 教師、教練與顧問

James O. Coplien 是一位教師、作家和研究員，其興趣範圍包含從程式語言、系統設計到組織設計和開發流程。每日 Scrum 的概念起源於他在貝爾實驗室 (Bell Labs) 的早期流程研究。他是 DCI 典範的共同建立者和 Trygve 程式語言的創造者。James 同時也是斜躺電動自行車車手、旅行者和馬術鄉紳。

Lisa Crispin

敏捷測試協會（*Agile Testing Fellowship*）主辦人

 Lisa 與 Janet Gregory 共同推出了多部作品，包括：《敏捷測試指南》（*Agile Testing Condensed*，2019 年加拿大圖書館和檔案館 / 加拿大政府出版）、《敏捷測試：測試人員和團隊實務指南》（*Agile Testing: A Practical Guide for Testers and Teams*，2009 年 Addison-Wesley Professional 出版）、《深入敏捷測試：整個團隊的學習之旅》（*More Agile Testing: Learning Journeys for the Whole Team*，2014 年 Addison-Wesley Professional 出版）、LiveLessons 影片課程：敏捷測試基礎（*Agile Testing Essentials*），以及為期三天的現場課程：整個團隊的敏捷測試（*Agile Testing for the Whole Team*）。Lisa 在 2012 年的敏捷測試日被同行評選為「最具影響力的敏捷測試專業人士」。請參訪 *https://agiletester.ca* 和 *https://agiletestingfellow.com* 以了解更多資訊。

Derek Davidson

認證 *Scrum* 培訓師（*CST*）、專業 *Scrum* 培訓師（*PST*）和敏捷教練

 Derek 是 Scrum.org 的專業 Scrum 培訓師，也是 Scrum 聯盟的認證 Scrum 培訓師。Derek 輔導人們成為產品負責人、Scrum Master 和 Scrum 開發人員。他幫助軟體開發人員以敏捷 / Scrum 的方式工作，並協助 Scrum 團隊擴展。Derek 還幫助企業實行 Scrum。你可以前往 *http://www.webgate.ltd.uk* 瀏覽 Derek 撰寫的 Scrum 相關文章。

Stijn Decneut
對神經科學充滿熱情的培訓師／教練

基於對人類行為生物學基礎的深入了解，Stijn 提供有關敏捷領導力的培訓、指導和教練式領導。Stijn 與他人共同創立了 *AgileBeyond*；他們以科學的可靠證據為基礎，使敏捷的教練式領導和培訓不再是傳聞中的技術或未經證實的模型。組織應用技術和框架的方式經常難以奏效；這往往會導致挫敗，並最終走向幻滅。而他以一種切實可行的方式，來幫助組織採用 Scrum 和相關的敏捷實踐。

Pete Deemer
GoodAgile 執行長

Pete Deemer 是敏捷軟體社群中的知名人士。在過去的 25 年多中，他領導過多個全球公司的團隊開發產品和服務。Pete 曾任 Scrum 聯盟（Scrum Alliance）董事長；現任新加坡公司 GoodAgile 的執行長，提供敏捷諮詢和培訓。

Arno Delhij
敏捷業務教練

Arno Delhij 是敏捷業務教練，也是全球倡議組織「敏捷教育（Agile in Education）」的聯合創辦人。他幫助公司發展高績效團隊，並調適採用靈活和價值驅動的工作方式。他對教育創新充滿熱情。Arno 曾與人合著《eduScrum 指南》

（eduScrum Guide，*https://oreil.ly/qapTT*）；他最新出版的書是《課堂中的 Scrum》（*Scrum in de klas*，2020 年）。

〈生而敏捷：教室中的 Scrum 案例〉，第 210 頁

Hiren Doshi
專業 *Scrum* 培訓師

Hiren 是 Scrum.org 的專業 Scrum 培訓師，著有《Scrum 實踐者洞見：Scrum 指南手冊》（*Scrum Insights for Practitioners：Scrum Guide Companion*，2016 年 Practiceagile. comt 出版）。他擁有 24 年的軟體開發經驗，並且實踐 Scrum 超過 13 年。他曾協助 Tesco、EMC、BACI、BookMyShow、Shell、Schlumberger、BP、Aditya Birla Group 等公司踏上敏捷之路。Hiren 現在和妻子 Swati 以及兩個女兒 Aditi 與 Ashwini 居住在印度孟買。

〈五個卓越價值使你成為更人性化的 *Scrum Master*〉，第 172 頁

Jutta Eckstein
獨立執業者

Jutta Eckstein 是一名獨立教練、顧問和培訓師，幫助過全球許多團隊和組織完成敏捷轉型。她具有獨特的經驗，擅長將敏捷流程應用於中大型、分散式與關鍵任務的專案中。她已將其經驗透過多本著作分享出來，包括《大規模敏捷軟體開發》（*Agile Software Development in the Large*，2004 年 Dorset House 出版）、《分散式團隊的敏捷軟體開發》（*Agile Software Development with Distributed Teams*，2018 年自行出版）、《透過回顧促進組織變革》（*Retrospectives for Organizational Change*，2019 年自行出版）、《尋找深藏的寶藏：揭露專案組合中的延遲成本》（*Diving for Hidden Treasures: Uncovering the Cost of Delay in your Project Portfolio*，與 Johanna Rothman 合著，2016 年 Practical Ink 出版），以及《原來你才是絆腳石：企業敏捷轉型失敗都是因為領導者，你做對了嗎？》（*Company-wide Agility with Beyond Budgeting, Open Space & Sociocracy: Survive & Thrive on Disruption*，與 John Buck 合著，2020 年自行出版）。她是敏捷聯盟的成員（2003

至 2007 年曾任董事會成員）、演講者，同時還是全球多場會議的共同組織者。

〈衝刺是為了取得進展，而不是成為新的跑步機〉，第 98 頁

Ron Eringa
敏捷領導力開發者

Ron 的願景是打造一個可以放心讓自己孩子自由工作的環境；他希望能激發人們發揮最大的潛能。自 2014 年擔任 Scrum.org 的專業 Scrum 培訓師起，他陸續指導了許多團隊和管理者踏上專業學習之旅。作為 Scrum.org 的領導力負責人，他幫助培訓師傳遞專業的領導經驗。他自 2016 年起擔任獨立顧問，幫助客戶和合作夥伴在組織的各個層級發展領導力。你可以前往 *http://roneringa.com* 取得更多資訊。

〈敏捷領導力與文化設計〉，第 178 頁

Markus Gaertner
認證 *Scrum* 培訓師

Markus Gaertner 是德國漢堡 itagile GmbH 的組織設計顧問、認證 Scrum 培訓師（CST）和敏捷教練。他著有《驗收測試驅動開發－ ATDD 實例詳解》（*ATDD by Example: A Practical Guide to Acceptance Test-Driven Development*，2012 年 Addison-Wesley Professional 出版），並為德國軟體工藝運動 Softwerkskammer 做出了貢獻。他經常在 *http://www.shino.de/blog* 上用英語撰寫部落格。

〈了解多 *Scrum* 團隊與多團隊 *Scrum* 的不同〉，第 18 頁
〈產品負責人不該是資訊障礙〉，第 38 頁
〈「那不是我的工作！」〉，第 58 頁

Bob Galen

敏捷教練

Bob Galen 是北卡羅來納州卡瑞市（Cary）的一名敏捷方法學家、實踐者和教練；他的職責為引導公司和團隊務實地採用 Scrum 和其他敏捷方法並進行組織轉型。他目前是 Vaco 的首席敏捷教練，也是 RGCG 有限責任公司的總裁。Bob 經常在國際會議和專業團體中演講與敏捷軟體開發相關的各種主題。他的著作包括：《敏捷反思：思考軟體開發的極度敏捷化》（*Agile Reflections: Musings Toward Becoming Seriously Agile in Software Development*，2012 年 RGCG 有限責任公司出版）、《Scrum 產品責任：由內而外平衡價值》（*Scrum Product Ownership: Balancing Value from the Inside Out*，2009 － 2013 年 RGCG 有限責任公司出版）和《敏捷品質與測試的三大支柱：在實現敏捷品質的過程中獲得平衡的結果》（*Three Pillars of Agile Quality and Testing: Achieving Balanced Results in Your Journey Towards Agile Quality*，2015 年 RGCG 有限責任公司出版）。他的聯繫方式為：*bob@rgalen.com*。

〈僕人式領導須從內部開始〉，第 124 頁
〈遇到困難時……就採用緊急措施！〉，第 138 頁
〈人是障礙嗎？〉，第 148 頁

Peter Goetz

敏捷教練與培訓師

Peter 是 Scrum 和 DevOps 的教練和培訓師。他在超過 15 年的軟體開發經驗中擔任過各種角色，也經歷過從各種角度來面對軟體開發。作為 Scrum.org 的合格專業 Scrum 培訓師，他協助客戶在軟體開發專案中引入和實作 Scrum。

〈在你的 *Scrum* 中，從問為什麼開始〉，第 10 頁

Luis Gonçalves

執行董事

LuisGonçalves 是一位企業家、暢銷書作家和國際主講人。他為營收達數百至數千萬等級的企業提供諮詢，並專門與這些企業的企業家、創辦人和高階管理人員合作，以實行他顛覆傳統的組織精通（*Organizational Mastery*）方法。自 2003 年以來，他在軟體業中取得了很大的成就。他的部落格 *https://luis-goncalves.com* 被視為軟體開發業界的「必讀」經典。

〈如何進行有效的衝刺規劃〉，第 *100* 頁
〈了解 *Scrum Master* 的角色〉，第 *120* 頁

Ellen Gottesdiener

敏捷產品教練

Ellen Gottesdiener 是 EBG Consulting 的產品教練兼執行長，致力於幫助產品和開發社群透過產品敏捷性獲得有價值的成果。Ellen 在敏捷社群中被譽為敏捷產品探索和交付協作實踐的倡導者和創新者。她將熟練的促進技巧整合到產品工作中，以成就健康的團隊合作和強大的組織。Ellen 著有三本與產品探索和需求相關的書。她經常演講，並且與全球客戶合作。在空閒時，Ellen 擔任波士頓敏捷產品開放社群（Bostons Agile Product Open Community）的製作人，並身兼敏捷聯盟（Agile Alliance）的敏捷產品管理計畫（Agile Product Management Initiative）總監。

〈回答這個問題：「你的產品是什麼？」〉，第 *28* 頁

James W. Grenning

Wingman Software 總裁

James Grenning 在世界各地提供培訓、指導和諮詢。James 的任務是將現代技術和管理實踐引入產品開發團隊；尤其是在嵌入式系統開發方面。他是《嵌入式 C 的測試驅動開發》的作者（*Test-Driven Development for Embedded C*，2011 年 Pragmatic Bookshelf 出版）、CppUTest 的共同作者（一種受歡迎的嵌入式 C 和 C ++ 單元測試工具）。他發明了計劃撲克（*Planning Poker*，一

種世界知名的估算方法），並參與了敏捷軟體開發宣言的制定。他的網站網址為 *http://wingman-sw.com*。

〈敏捷不是只有衝刺而已〉，第 72 頁

Daniel James Gullo

作家與變革型領導者

 Daniel 是敏捷圈內知名且備受推崇的人士。他畢生都是一名企業家；現在是 Apple Brook Consulting（ABC）的執行長，也是 Agile Delaware 的創始人兼首席顧問。他經常擔任許多組織的審查員、志願者和發言人，並且還是新一代敏捷脫口秀節目 *AgileNEXT* 和月刊 *CoreAgility* 的共同創辦人。Daniel 是值得信賴的顧問，擅長就 Scrum 聯盟的認證 Scrum 培訓師（CST）和認證企業教練（CEC）考照者的人員與管理方面提供建議。他任職的 Apple Brook Consulting 是一家傷殘退伍軍人自營小型企業（SDVOSB），其透過優惠培訓計畫和其他方式來資助現役、退伍和退休軍人。Daniel 著有《Agile 成功法則：敏捷實作者的解決方案》（*Real World Agility: Practical Guidance for Agile Practitioners*，2016 年 Addison-Wesley Professional 出版）。他目前正在攻讀組織發展與變革的博士學位（循證培訓 Evidence-Based Coaching）。

〈在家工作的效果〉，第 158 頁

Bob Hartman

Agile For All 有限責任公司之認證 Scrum 培訓師與教練

 Bob 在軟體業中幾乎擔任過所有角色，包括開發人員、測試人員、文件編寫員、培訓師、產品經理、專案經理、業務分析師、資深軟體工程師、開發經理和業務主管。在過去的 20 年中，Bob 從敏捷的早期採用者開始學習，現已成長為認證 Scrum 培訓師（CST）和認證企業教練（CEC），以及敏捷各個領域（包括領導敏捷性和組織敏捷性）的培訓、指導和輔導專家。Bob 是一位受歡迎的演講者，曾在許多大型會議、研討會、工作坊和使用者小組會議上發表演講。他引人入勝的風格、對開發的整體性觀點和個人趣聞一直深受參加者的好評。

〈最重要的事與你所認為的不同〉，第 116 頁

Daniel Heinen

Scrum Master 與大規模 Scrum 產品開發之大學講師

 Daniel Heinen 是 BMW 集團自動駕駛部門採用 LeSS Huge 的 Scrum Master 和敏捷教練，另外還擔任慕尼黑應用科學大學的講師。他相信只有在客戶與開發人員的緊密合作下，才有可能共同開發出成功的產品。在他看來，成功的組織會促進協作學習，以建立大規模的成功解決方案。你可以透過 *unityproductdev@gmail.com* 與 Daniel 聯絡。

〈重視利用率的不良影響〉，第 66 頁

Jorgen Hesselberg

Comparative Agility 共同創辦人

 Jorgen Hesselberg 是《敏捷解密》（*Unlocking Agility*，2018 年 Addison-Wesley Professional 出版）的作者，同時也是領先之敏捷評估和持續改進平台 Comparative Agility 的創辦人之一。Jorgen 是一位公認的思想領袖，自 2009 年以來在企業改革方面進行過多次成功的嘗試。他作為內部變革推動者和外部顧問，為一些世界上最受尊敬的公司提供策略指導、執行諮詢和教練式領導。

〈將開發缺陷視為珍寶（開放的價值）〉，第 168 頁

Jesse Houwing

培訓師、教練與工匠

 Jesse 喜歡在整體上以 Scrum 和敏捷的思維方式來進行訓練，以此引導人們獲得新的見解、頓悟，甚至是改變人生的啟發。當人們分享某次培訓最後竟成為改變職涯的事件時，都會讓他感覺妙不可言；那就是 Jesse 終極精彩的 $#*! 片刻之一。

〈長青樹〉，第 94 頁

Rich Hundhausen

Scrum / DevOps 培訓師與教練

Richard Hundhausen 透過了解和利用 Scrum 與 Azure DevOps 來幫助團隊交付更好的產品。作為一名專業的 Scrum 培訓師，他知道軟體是由人們而不是由流程或工具來建構和交付的。Richard 現居於美國愛達荷州博伊西市。

〈你的團隊有在合作嗎？〉，第 56 頁
〈你的衝刺規劃裡有什麼？〉，第 82 頁
〈重新思考臭蟲〉，第 88 頁

Ralph Jocham

有效敏捷之變革推動者

Ralph 在敏捷領域作為一名程式設計師、Scrum Master 和產品負責人已活躍了 20 多年。他自 2010 年開始成為 Scrum.org 的專業 Scrum 培訓師，並且在世界各地培訓和指導了數千人。Ralph 與 Don McGrea 合著有《專業產品負責人：利用 Scrum 打造競爭優勢》一書（*The Professional Product Owner: Leveraging Scrum as a Competitive Advantage*，2018 年 Addison-Wesley Professional 出版）。

〈最終失敗的……成功專案〉，第 26 頁
〈小心產品管理真空〉，第 32 頁
〈衝刺目標：*Scrum* 的失落之鑰〉，第 104 頁

Mik Kersten

Tasktop 創辦人與執行長

Mik Kersten 博士是 Tasktop Technologies 的執行長、Eclipse Mylyn 開源專案的創立者和負責人，以及任務焦點介面（task-focused interface）的發明者。作為 Xerox PARC 的一名研究科學家，Mik 為 AspectJ 實作出第一個剖面導向的程式設計工具。在英屬哥倫比亞大學攻讀電腦科學博士期間，他創立了 Mylyn 和任務焦點介面。Mik 自 2002 年以來持續參與 Eclipse 的

開發；他後來獲選為 Eclipse 董事會成員，並在 Eclipse 架構規劃委員會（Eclipse Architecture and Planning）中服務。Mik 在任務焦點協作方面的思想領導力使他成為軟體大會上的熱門演講者，並且在 2008 和 2009 年獲選為 JavaOne Rock Star 演講者。Mik 喜歡開發可以減輕大腦負擔、並使我們更易於完成創造性工作的工具。

〈使用 *Flow* 框架將 *Scrum* 擴展到整個組織〉，第 *34* 頁

Sjoerd Kranendonk
敏捷教練、*Scrum Master* 與培訓師

Sjoerd 是一名教練和顧問，致力於幫助組織和人們找到更好的工作方式。他透過指導、諮詢和培訓的各種方法、工具與實踐來持續改進，並且總是先確保理解事物的起因。他常用的工具包括 Scrum、SAFe、LeSS，以及其他符合敏捷宣言和成長思維的方法。Sjoerd 會不定期在 LinkedIn 和 *www.sjoerdly.com* 上發佈內容。

〈*Scrum* 在警察工作中的應用〉，第 *208* 頁

Mitch Lacey
敏捷軟體實踐者

Mitch Lacey 是一位敏捷實踐者和培訓師。他已管理專案超過 15 年，其經手的許多計畫驅動和敏捷專案都倍受讚譽。他是《Scrum 現場指南》（*The Scrum Field Guide*，2012 － 2016 年 Addison-Wesley Professional 出版）的作者；該書的目標受眾為採用敏捷和 Scrum 實踐的團隊。Mitch 在微軟公司磨練了他的敏捷技能，並在那裡成功發佈了核心企業服務。Mitch 在微軟的第一支敏捷團隊是由 Ward Cunningham、Jim Newkirk 和 David Anderson 所指導。

〈將客戶視為最優先的決策考量〉，第 *54* 頁

Len Lagestee
組織變革教練

Len Lagestee 是組織變革教練和 *www.illustratedagile.com* 部落格的作者。作為一名教練，Len 與大型組織進行互動，致力於將人們串連在一起、革新領導能力、交付成果，並使勞動力人性化。

〈成為散發資訊的團隊〉，第 68 頁
〈評估產品待辦項目的五個階段〉，第 76 頁
〈障礙剖析〉，第 134 頁

Jasper Lamers
敏捷顧問與文化人類學家

Jasper 擁有文化人類學碩士學位。儘管最終從事軟體開發工作，但他始終對人在工作中的樣貌抱持著濃厚的興趣。Jasper 曾在 ICT 和企業之間擔任過各種職務，是一位經驗豐富、熱情洋溢且富有創造力的教練和培訓師。Jasper 同時也是一名業餘音樂家和影片製作人。

〈我們可以從足球流氓身上學到什麼？〉，第 50 頁
〈在安全（但非過度安全）環境中工作的力量〉，第 186 頁
〈*Scrum* 事件是確保豐收的儀式〉，第 204 頁

Mark Levison
認證 *Scrum* 培訓師

Mark 現在是作者、認證 Scrum 培訓師，以及 Agile Pain Relief Consulting 的顧問。他將 Scrum、Lean 和其他敏捷方法引入到許多組織中，包括加拿大政府部門、主要金融和保險機構、軟體公司，以及加拿大各地的個戶。此外，他也為尋求發展的組織提供諮詢。

〈脫離電子工具的衝刺待辦清單會更好〉，第 84 頁
〈衝刺目標能提供目的（而不僅止於完成工作清單）〉，第 102 頁

Marc Loeffler

熱情的業務敏捷教練

 Marc Loeffler 是著名的主講人、作家和敏捷教練。在 2006 年接觸到敏捷方法和原則之前,他曾在福斯汽車和西門子等公司擔任傳統的專案經理。幫助團隊實行敏捷框架,以及改變我們的工作環境是他的熱情之所在;他也熱衷於幫助在敏捷轉型和克服功能失調行為上碰到困難的團隊。他喜歡從不同角度來處理常見問題並故意破壞流程,藉此來獲得新的見解。Marc 著有《改善敏捷回顧》(*Improving Agile Retrospectives*,2017 年 Addison-Wesley Professional 出版)。

〈沒人告訴你的 *Scrum* 五件事〉,第 *2* 頁

Chris Lukassen

產品武士

 Chris 參與過各式各樣的專案:從即時作業系統開發,到同時運行九個團隊的數百萬歐元產品開發;從車庫新創公司,到 TomTom 和 Saab 等全球巨頭;從徹底失敗的專案,到 CES 獲獎的產品。他的任務在於教導人們如何以無法想像的方式創造產品。

〈*Patricia* 的產品管理障礙〉,第 *74* 頁
〈溫和的改變方式〉,第 *160* 頁

Don McGreal

學習解決方案副總裁

 Don 是 Scrum.org 的實作派敏捷顧問、講師和專業 Scrum 培訓師,還為全球成千上萬的軟體專業人士寫書和授課。他是 TastyCupcakes.org 的共同創辦人;該網站完整收集了各種遊戲和練習,有助於加速採用敏捷原則。Don 與 Ralph Jocham 合著了《專業產品負責人:利用 Scrum 打造競爭優勢》(*The Professional Product Owner: Leveraging Scrum as a Competitive Advantage*,2018 年 Addison-Wesley Professional 出版)。

Todd M. Miller

專業 *Scrum* 培訓師

Todd 曾擔任過 Scrum Master、產品負責人、開發人員和敏捷教練，並參與過多種行業的各種技術和創意專案。他目前在美國各地指導和訓練企業與團隊，協助 Scrum 框架導入、企業敏捷轉型和專業軟體開發。Todd 與 Ryan Ripley 共同著作了《修復你的 Scrum：常見 Scrum 問題的實用解決方案》（*Fixing Your Scrum: Practical Solutions to Common Scrum Problems*，2020 年 Pragmatic Bookshelf 出版）。

Eric Naiburg

Scrum.org 行銷營運副總裁

Eric 曾與他人合著《UML 資料庫設計應用》（*UML for Database Design*，2001 年 Addison-Wesley Professional 出版）和《普通人的 UML》（*UML for Mere Mortals*，2004 年 Addison-Wesley 出版）等書。Eric 目前負責 Scrum.org 的行銷、支援、對外通訊和營運各個方面；在此之前，他曾擔任 INetU（現為 ViaWest）的行銷總監。在加入 INetU 之前，Eric 是 IBM 和 Rational Software 的計畫總監，負責應用程式生命週期管理（ALM）、DevOps 和敏捷解決方案。Eric 也曾在其他組織中擔任產品管理和行銷職務，包括 Ivar Jacobson Consulting、CAST Software 和 Logic Works Inc.（現已被 Platinum Technologies 和 CA 收購）；另外也曾在 Erwin 擔任產品經理。

Judy Neher

認證 *Scrum* 培訓師

Judy Neher 是來自美國印第安納州的認證 Scrum 培訓師。
她在政府領域中指導和訓練敏捷與 Scrum 已有數十年，並
應邀與政府安全專業人員合作，以幫助他們變得敏捷。

〈什麼是濫用者故事〉，第 80 頁

Alan O'Callaghan

Emerald Hill 有限責任公司之認證 *Scrum* 培訓師與首席產品負責人

Allan O'Callaghan 實踐 Scrum 已有 20 多年的經驗。他是
Scrum 聯盟（Scrum Alliance）的認證 Scrum 培訓師，並且
是 Scrum Patterns Group 的成員。

〈將商業價值擺在前方與中心〉，第 36 頁
〈驅動敏捷轉型的「*MetaScrum*」模式〉，第 190 頁

Stephanie Ockerman

AgileSocks.com 之專業 *Scrum* 培訓師與作者

Stephanie Ockerman 是敏捷培訓與教練式領導公司 Agile
Socks LLC 的創辦人，其使命是幫助人們共同創造精彩的
事物，以使大家都能在這個不可預測的錯綜複雜世界中成
長茁壯。她擁有超過 15 年的經驗，作為 Scrum Master、
培訓師和教練，協助團隊和組織交付有價值的產品和服務。她是《精通
專業 Scrum》（*Mastering Professional Scrum*，與 Simon Reindl 合著，2019
年 Addison-Wesley Professional 出版）的作者之一，並會定期在 www.
AgileSocks.com 上發佈文章。

〈*Scrum Master* 最重要的工具〉，第 136 頁

Paul Oldfield

Youmanage 成員

Paul 主修植物學並於 1978 年畢業；這為他應對極錯綜複雜之系統奠定了堅實的科學基礎。Paul 後來踏入計算機領域就職，並從研究工作開始做起。由於此工作性質並不適用瀑布式開發，於是 Paul 發展出了自己的工作方式；而後他發現此方式與早期的敏捷方法有許多共同點。Paul 現在任職於已脫離新創時期的小型組織 Youmanage.co.uk。

〈網路與尊重〉，第 184 頁

Fabio Panzavolta

專業 Scrum 培訓師與 Collective Genius 老闆

Fabio 於 2001 年以軟體工程師的身分開始了他的職業生涯。在擔任專案經理並採用傳統式專案管理多年後，他發現並擁抱了 Scrum，並認為 Scrum 是一種與他的思維完全契合之工作方式。Fabio 是 Scrum.org 的專業 Scrum 培訓師，也是 Collective Genius 的創辦人和老闆；該公司是一家幫助人們和公司使用 Scrum 交付更好產品的服務公司。順帶一提，Fabio 很歡迎重機愛好者找他聊聊。

〈Scrum 與組織化設計實戰〉，第 192 頁

Jeff Patton

產品設計與流程教練

Jeff Patton 幫助公司採用一種專注於生產優質產品的工作方式，而不僅僅是更快地生產。Jeff 將敏捷思維、精實與精實新創思維，以及 UX 設計與設計思維融合在一起，變成一種具全面性、以產品為中心的工作方式。Jeff 著有暢銷書《使用者故事對照》（*User Story Mapping*，2014 年 O'Reilly 出版）。該書描述了一種在敏捷開發中使用故事的方法；此方法單純且全面，同時又不失去整體觀點。

〈留心你的成果；注重價值。〉，第 46 頁

　　　　　　　　　　　　　　　　　　　　　　　　作者群

Marcus Raitner

企業小丑與敏捷教練

Marcus 堅信大象會跳舞。自 2015 年以來，他一直在 BMW 集團資訊科技部門中擔任敏捷教練和敏捷轉型推動者，協助組織轉型成敏捷組織。在獲得帕紹大學電腦科學博士學位後，Marcus 開始擔任大型資訊科技服務提供商 msg systems 的專案經理。2010 年他從頭來過，加入了一家專注於專案管理和教練式領導的小型創業公司 esc Solutions。Marcus 著有《人性化領導宣言：數位時代新領導力的六篇論文》（*Manifesto for Human(e) Leadership: Six Theses for New Leadership in the Age of Digitalization*，2020 年自行出版）。他經常在部落格「Führung erfahren!」（*https://fuehrung-erfahren.de/en*）中撰寫有關領導力、數位化、新工作、敏捷性等眾多主題的文章。

〈三個對於使用者故事的常見誤解〉，第 *78* 頁
〈邊線上的宮廷小丑〉，第 *126* 頁
〈敏捷領導力的三位一體〉，第 *188* 頁

Konstantin Razumovsky

敏捷教練與專業 *Scrum* 培訓師

Konstantin 是來自白俄羅斯明斯克的敏捷實踐者。他將培訓活動與實際工作結合起來，協助組織和團隊從精實和敏捷原則中受益。Konstantin 具有 Java 開發背景，還曾擔任專案經理、Scrum Master 和敏捷教練。他相信團隊的力量，並認為團隊才是成就產品開發中眾多偉大事物的真正泉源。

〈然後奇蹟就發生了〉，第 *52* 頁

Simon Reindl

專業 *Scrum* 培訓師

Simon 是一位經驗豐富的教練、演講者、作家、培訓師和技術專家。他擁有 20 多年的經驗，可以幫助人們採用新技術並實現商業價值。他的經驗廣泛，涵蓋全球公私部門的各個業務領域。他熱衷於透過打造令客戶滿意的產品，來幫

助團隊和組織創造更高的價值；他透過與人們互動、促進人們理解事物，並幫助他們提高績效來做到這一點。Simon 與 Stephanie Ockerman 合著了《精通專業 Scrum》(*Mastering Professional Scrum*，2019 年 Addison-Wesley Professional 出版)。

〈我如何學會停止擔憂並開始使用 Scrum〉，第 22 頁

Konstantin Ribel

Scrum Master 與 LeSS 友善 Scrum 培訓師

Konstantin Ribel 在 BMW 集團自動駕駛部門中擔任 Scrum Master，並且是首位推動採用 LeSS Huge 的人。他堅信當今的組織需要進行徹底的結構改革，以轉變思維並解放集體智慧。他的願景是建立高度重視人類智慧和努力的組織。你可以透過 *konstantin@ribel.eu* 和 *konstantin-ribel.com* 來與 Konstantin 聯繫。

〈重視利用率的不良影響〉，第 66 頁

Ryan Ripley

專業 *Scrum* 培訓者

Ryan Ripley 是 Scrum.org 的專業 Scrum 培訓師，曾在醫療器材、批發和金融服務業的多家財富美國 500 強公司中擔任軟體開發人員、經理、總監和 Scrum Master。他是 iTunes 上最受歡迎之敏捷 Podcast 人類的敏捷 (*Agile for Humans*) 的主持人。Ryan 與 Todd Miller 合著了《修復你的 Scrum：常見 Scrum 問題的實用解決方案》(*Fixing Your Scrum: Practical Solutions to Common Scrum Problems*，2020 年 Pragmatic Bookshelf 出版)。他與妻子 Kristin 和三個孩子一起住在印第安納州。他會在他的部落格 *www.ryanripley* 和 Twitter @ryanripley 上發表內容。

〈我如何學會 Scrum Master 與我本身無關〉，第 122 頁

Linda Rising

計算機軟體顧問與專業人士

Linda Rising 是一位獨立顧問，住在田納西州納許維爾附近。Linda 擁有亞利桑那州立大學的以物件為基礎之設計度量（object-based design metrics）博士學位。她曾在大學教書，也曾做過電信、航空電子和戰術武器系統方面的工作。她是國際知名的演講者，主題涵蓋敏捷開發、模式、回顧、變革流程，以及神經科學最新研究與軟體開發之間的關聯等。Linda 著有許多文章和五本書。

〈站立的力量〉，第 156 頁

Rafael Sabbagh

認證 Scrum 培訓師（CST）、認證看板培訓師（AKT）

Rafael Sabbagh 是 Knowledge21 的共同創辦人。自 2000 年代中期以來，他一直在此組織中協助從新創到跨國公司的敏捷轉型。他在企業資訊科技專案、產品開發以及軟體開發方法和技術方面擁有超過二十年的經驗。作為一名認證 Scrum 培訓師（CST）、認證看板培訓師（AKT），以及 2015 至 2017 年 Scrum 聯盟的董事會成員，Rafael 曾在 20 多個國家工作過，並在全球多個敏捷活動中發表過演講。

〈Scrum：把控制權交還給業務〉，第 30 頁
〈衝刺審查的目的就只是為了收集回饋〉，第 110 頁
〈Scrum 的起源可能與你所想的不同〉，第 198 頁

Sanjay Saini

專業 *Scrum* 培訓師與 *AgileWoW* 創辦人

Sanjay 在資訊科技業的各個領域已經工作了 20 多年，包括銀行、製造和能源產業。Sanjay 恪守「誠信」、「關注客戶」、「點燃熱情」、「承擔責任」、「促進創新」與「成就卓越」等原則。他是 Scrum.org 的專業 Scrum 培訓師。

〈只有展示不夠——實際部署以獲得更好的回饋〉，第 *112* 頁

Uwe Schirmer

敏捷教練

Uwe 是 Scrum 和 敏 捷 需 求 工 程（Agile Requirements Engineering）的教練和培訓師。他擁有 20 多年資訊科技產業各種角色和領域的經驗，並試圖傳達軟體開發生命週期的全面性觀點。他幫助客戶建立和修復團隊，並創造或重新思考其從需求到生產，以及更高層次的流程與方法。

〈在你的 *Scrum* 中，從問為什麼開始〉，第 *10* 頁
〈團隊不只是技術能力的集合〉，第 *146* 頁

Andreas Schliep

DasScrumTeam AG 執行合夥人

Andreas Schliep 是 2004 年首批在德國開始採用多團隊 Scrum 改良方法的人之一；此後，他以 Scrum Master、教練和培訓師的身份幫助個人和組織。他擁有 Scrum 聯盟（Scrum Alliance）頒發的各種 Scrum 認證，並且是 DasScrumTeam AG 的共同創辦人和 Scrum Master。

〈*Scrum* 就是「敏捷領導力」〉，第 *180* 頁

Robbin Schuurman

產品領導人、專業 Scrum 培訓師與作者

Robbin 是一名產品領導人、專業 Scrum 培訓師，以及熱情的高爾夫球手。Robbin 是實用書籍《50 道陰影：產品負責人對利害關係人的有效管理》的作者之一（*50 Tinten Nee: Effectief stakeholdermanagement voor de Product Owner*，與 Willem Vermaak 合著，2019 年 Boom Uitgevers 出版）。Robbin 的使命是改善產品管理的專業。

〈掌握「拒絕」的藝術以最大化價值〉，第 40 頁

Ken Schwaber

Scrum 共同創立者與 Scrum.org 創辦人

Ken Schwaber 是軟體開發業的資深人士（從洗碗工到老闆）。他在 1990 年代初與 Jeff Sutherland 共同開發了 Scrum 流程，以幫助那些為錯綜複雜之開發專案而苦苦掙扎的組織。作為 2001 年敏捷宣言的簽署人之一，他隨後成立了敏捷聯盟和 Scrum 聯盟；後來又於 2009 年離開 Scrum 聯盟並創立了 Scrum.org。Ken 寫了多本有關 Scrum 的書。他現居於麻薩諸塞州的列星頓市。

〈*Scrum* 很單純，直接用就對了！〉，第 8 頁

Anu Smalley

Capala Consulting Group 總裁

Anu Smalley 是一名認證 Scrum 培訓師，也是 Capala Consulting Group 的創辦人。在專注於敏捷教練式領導和培訓之前，Anu 是大型組織中成功的產品負責人。

〈產品待辦清單精煉是一項重要的團隊活動〉，第 90 頁

Zuzana Šochová

敏捷教練與認證 *Scrum* 培訓師

 Zuzana「Zuzi」Šochová 是一名獨立的敏捷教練和培訓師，並且是擁有 15 年以上經驗的 Scrum 聯盟認證 Scrum 培訓師。她已經在全球許多公司和團隊中實現了敏捷轉型和實踐。透過建立和維持敏捷領導力，她相信工作和生活的環境可以變得更加幸福和成功。她是捷克敏捷協會和 AgilePrague 會議的創辦人、Scrum 聯盟董事會成員，並且著有《*The Great ScrumMaster: #ScrumMasterWay*》（2017 年 Addison-Wesley Professional 出版）。你可以透過 *zuzi@sochova.com* 或 Twitter @zuzuzka 與她聯繫。

〈運用 *#ScrumMasterWay* 概念來指引 *Scrum Master* 踏上永無止境的旅程〉，第 *142* 頁

Michael K. Spayd

Collective Edge Coaching 首席智者

 邁克爾渴望變革：你、我、我們、我們所有人。Michael 早在 2001 年就開始擔任敏捷教練並致力於企業轉型；他參與過許多大規模轉型，並貢獻許多他在組織發展、變革、文化、領導力和專業的教練式領導等方面的模型和思想。2010 年，Michael 與 Lyssa Adkins 共同創立了敏捷教練學院（Agile Coaching Institute），目的是要改變敏捷教練行業。隨後此學院發展良好，並於 2017 年被收購。Michael 於 2016 年與 Michele Madore 共同創立了 Trans4mation，以改革敏捷轉型。他們合著了《敏捷轉型：使用整體敏捷轉型框架來進行另類思考和領導》一書（*Agile Transformation: Using the Integral Agile Transformation Framework to Think and Lead Differently*，2020 年 Addison-Wesley Professional 出版）。Michael 在 2020 年推出了一個新的組織平台：Collective Edge 有限責任公司。

〈自我組織的意義〉，第 *166* 頁

David Starr

專業軟體工匠

David Starr 是一位專業的軟體工匠，致力於改善軟體開發團隊的敏捷性、協作性和技術卓越性。他目前是微軟的首席解決方案架構師、Elegant Code Solutions 創辦人。他曾擔任過許多領導職務，並且從早期開始就一直是敏捷開發的堅定支持者；此外，他還幫助開設了一些 Scrum.org 課程。

〈自動化敏捷〉，第 92 頁

Gunther Verheyen

獨立 *Scrum* 看守者

Gunther Verheyen 是一位經驗豐富的 Scrum 實踐者（自 2003 年起）。作為顧問，Gunther 很榮幸能在不同的環境和業務領域中與許多團隊一同使用 Scrum；這些經驗隨後成為了一些大規模 Scrum 採用的靈感來源。在與 Scrum 聯合創辦人 Ken Schwaber 和 Scrum.org 獨家合作之後，他作為獨立的 Scrum 看守者繼續 Scrum 的旅程。Gunther 著有《Scrum 袖珍指南：智慧旅行手冊》（*Scrum – A Pocket Guide: A Smart Travel Companion*，2013、2019 年 Van Haren Publishing 出版）。

〈你會怎麼定義「完成」？〉，第 20 頁
〈*Scrum* 的重點在於行為，而非流程〉，第 164 頁

Willem Vermaak

產品管理顧問

Willem 熱衷於教人釣魚而非直接給魚。他並不尋求快速的解決方案，而是想培訓、指引、指導和輔導人們，以便他們能走出去並贏得勝利。Willem 的目標是幫助產品人員為使用者和公司交付最有價值的產品。他是實用書籍《50 道陰影：產品負責人對利害關係人的有效管理》的作者之一（*50 Tinten Nee: Effectief stakeholdermanagement voor de Product Owner*，與 Robbin Schuurman 合著，2019 年 Boom Uitgevers 出版）。

〈掌握「拒絕」的藝術以最大化價值〉，第 40 頁

Stacia Viscardi

AgileEvolution 股份有限公司執行長

Stacia Heimgartner Viscardi 自 2003 年以來就一直在實踐敏捷和精實方法。多年來,她到過 23 個不同的國家,為各式各樣的公司提供教學和指導,以幫助他們思考和實踐更好的工作方式。她從 2006 年開始成為 Scrum 聯盟的認證 Scrum 培訓員,並在最近加入了 Open Leadership Network 的領導團隊。Stacia 與 Michele Sliger 合著了《軟體專案管理者邁向敏捷式的橋樑》(*The Software Project Manager's Bridge to Agility*,2008 年 Addison-Wesley Professional 出版),另外也自行著有《專業 ScrumMaster 手冊》一書(*The Professional ScrumMaster's Handbook*,2013 年 Packt Publishing 出版)。她目前正在撰寫的書籍是《失敗:不完美業務》(*Failagility: The Business of Imperfection*)。當她沒有在教書或指導時,通常都躲在穀倉裡,微笑著與她的馬 Figo 練習她尚未精熟的花式騎術。

〈事實上,*Scrum* 本身不是重點〉,第 6 頁

Bas Vodde

LeSS 共同創立者與產品開發教練

Bas Vodde 是現代敏捷和精實產品開發的教練、程式設計師、培訓師和作家。他是 LeSS(Large-Scale Scrum,大規模 Scrum)框架的創立者,也是《Scrum —大型專案開發進化—用 LeSS 框架完成更多的事》、《精實和敏捷開發大型應用指南》和《大規模敏捷與精實開發實踐》等書的作者(*Large-Scale Scrum: More with LeSS*、*Scaling Agile and Lean Development*、*Practices for Scaling Agile and Lean Development*,皆與他的好友 Craig Larman 合著,並由 Addison-Wesley Professional 出版)。在指導組織時,他喜歡從三個層次來著手:1)組織、2)團隊,和 3)個人 / 技術實踐,從而建構出一個整體且全面性的觀點。在閒暇時間,他是 CppUTest 單元測試框架的維護者。Bas 在一家支持組織改進產品開發的公司 Odd-e 任職。

〈有害的數位工具:衝刺待辦清單〉,第 62 頁
〈有害的數位工具:*Jira*〉,第 64 頁

〈作為技術教練的 *Scrum Master*〉，第 *130* 頁

〈主動不做任何事（其實是件苦差事）〉，第 *140* 頁

Bob Warfield
CNCCookbook 股份有限公司執行長

Bob 是一位擁有豐富行業經驗的連續創業家，包括 CNC 製造、社群、雲端、大數據、SaaS、桌面和企業軟體；組織規模從新創企業到年營業額達 5 億美元的公司都有。Bob 很習慣擔任執行長、創辦人、技術長和工程副總裁等角色。目前，Bob 所營運的 CNCCookbook 正迎來有史以來的最佳榮景；這是 CNC 製造業最受歡迎的部落格，也是專業 CNC 工人和 DIY 製造者的天堂。

〈「常設會議」〉，第 *200* 頁

Geoff Watts
敏捷領導力教練

Geoff Watts 是全球最早的認證 Scrum Master、認證 Scrum 教練和認證 Scrum 培訓師之一。他著有多本暢銷書：《精通 Scrum》（*Scrum Mastery*，2013 年 Inspect & Adapt Ltd 出版）、《精通產品》（*Product Mastery*，2017 年 Inspect & Adapt Ltd 出版）和《教練案例選集》（*The Coach Casebook*，2015 年 Inspect & Adapt Ltd 出版）；他最新的著作是《精通團隊》（*Team Mastery*，2020 年 Inspect & Adapt Ltd 出版）。Geoff 指導個人和團隊進行自我精煉，以造福自己和他人。

〈作為教練的 *Scrum Master*〉，第 *128* 頁

Dave West

Scrum.org 執行長

Dave West 是 Scrum.org 的產品負責人兼執行長。他經常擔任主講人，並且發表過各式各樣的文章。他也是《Nexus 規模化 Scrum 框架》（*The Nexus Framework for Scaling Scrum*，2017 年 Addison-Wesley Professional 出版）和《深入淺出物件導向分析與設計》（*Head First Object-Oriented Analysis and Design*，2006 年 O'Reilly 出版）兩本書的合著者。他曾主導統一軟體開發過程（Rational Unified Process，RUP）的開發，並且隨後與 Ivar Jacobson 合作為 IJI 營運北美業務。接著，他在 Forrester Research 擔任副總裁兼研究總監，管理軟體交付實踐。在加入 Scrum.org 之前，他是 Tasktop 的首席產品官，負責產品管理、工程和架構。

〈衝刺審查不是一個階段關卡〉，第 *108* 頁

Willy Wijnands

熱情的科學教師與 eduScrum 創辦人

Willy Wijnands 是荷蘭萊茵河畔阿爾芬（Alphen aan de Rijn）Ashram 學院一位熱情的科學教師，也是一名合氣道老師。他是 eduScrum 的發起人和創辦人，也是全球首創 Agile in Education 的共同創辦人。他與人合著有《eduScrum 指南》（eduScrum Guide，*https://oreil.ly/xaxbA*）和《Scrum 行動》（*Scrum in Actie*，2015 年 Business Contact 出版）。他也為《教與學的敏捷和精實概念》（*Agile and Lean Concepts for Teaching and Learning*，2018 年 Springer 出版）一書做出許多貢獻。自 2011 年以來，Willy 已在全球各地培訓了 900 多名 eduScrum 教師，並在 Ashram 學院促進 2000 多名學生使用 eduScrum。請參考 *https://oreil.ly/MbERJ* 以了解有關 eduScrum 的更多資訊。

〈在教育領域中應用敏捷：*eduScrum*〉，第 *212* 頁

　　　　　　　　　　　　　　　　　　　　　　　　　作者群

Scrum 詞彙表

燃盡圖（burn-down chart）

一種顯示剩餘工作量隨時間遞減的圖。

燃起圖（burn-up chart）

一種顯示參數（例如值）隨時間遞增的圖。

每日 Scrum（Daily Scrum）

一種時限為 15 分鐘以內的每日事件，用以重新規劃衝刺期間的開發工作。該事件使開發團隊得以共享每日進度、規劃接下來 24 小時的工作，並更新對應的衝刺待辦清單。

「完成」的定義
（definition of "Done"）

產品增量必須具備的一系列品質要求，以達到可發佈（適合發佈給產品使用者）狀態。

開發標準
（Development standards）

開發團隊在衝刺結束前，根據需要所制定的一套標準和實踐方法，以建立可發佈的產品增量。

開發團隊 / 團隊
（Development Team / Team）

在衝刺結束前，負責建立可發佈增量所需之所有新開發工作的一組人員。

突發狀況（emergence）

一起不可預見的事實或事實認知出現，或是先前未知的事實顯現之過程；或一起事實認知無預期地出現。

經驗主義（empiricism）

一種流程控制類型，會根據觀察到的結果、經驗和實驗來做出決策。經驗主義落實定期檢視和調適，要求並創造透明性。也稱為經驗流程控制。

預測（forecast）

根據過去的觀察所作出對未來趨勢的預期。例如當前衝刺中被認定可交付的產品待辦項目，或未來衝刺中被認為可交付的未來產品待辦項目。

障礙（impediment）

任何會阻止或拖慢開發團隊的阻礙或障礙，且無法透過開發團隊本身的自我組織來解決。Scrum Master 須在每日 Scrum 結束前提出，並負責移除此類障礙。

增量（Increment）

可發佈的候選工作。該工作在先前建立的增量基礎上新增和更改功能，並在整體上形成一個產品。

產品（product (n)）

為消費者提供即時價值的有形或無形商品或服務（1）；動作或過程的結果（2）。定義以下範圍：產品負責人、產品待辦清單和增量。

產品待辦清單（Product Backlog）

一種有順序性、不斷發展的清單，其中列出產品負責人認為必要的所有工作，以建立、交付、維護和維持產品。

產品待辦清單精煉（Product Backlog refinement）

一種衝刺中的重複活動。產品負責人和開發團隊可以透過該活動，為未來的產品待辦清單增加粒度。

產品負責人（Product Owner）

負責優化產品交付價值的人。其主要透過在產品待辦清單中，管理和表達所有產品的期待和想法來進行優化。產品負責人是所有利害關係人的唯一代表。

Scrum (n)

1）為了錯綜複雜之產品交付而設計的單純框架；2）為了解決錯綜複雜之挑戰而設計的單純框架。

Scrum Master

負責營造 Scrum 環境的人。其透過指引、教練式領導、教學和協助一至多個 Scrum 團隊及其環境，來理解和使用 Scrum。

Scrum 團隊（Scrum Team）

產品負責人、開發團隊和 Scrum Master 的綜合負責團隊。

Scrum 價值觀（Scrum Values）

支撐 Scrum 框架的五個基本價值和品質：承諾、專注、開放、尊重和勇氣。

衝刺（Sprint）

一種作為其他 Scrum 事件容器的事件，時限為四個星期以內。該事件使團隊能夠完成足夠的工作量，並確保在產品、策略和流程層級上及時檢視、反思和調整。其他 *Scrum* 事件為：*衝刺規劃、每日 Scrum、衝刺審查和衝刺回顧*。

衝刺待辦清單（Sprint Backlog）

一個不斷發展的計畫。其中列出開發團隊認為必要的所有工作，以實現衝刺目標。

衝刺目標（Sprint Goal）

一種表示衝刺總體目的之簡潔陳述。

衝刺長度（Sprint Length）

衝刺的時限，不超過四個星期。

衝刺規劃（Sprint Planning）

象徵衝刺開始的事件，時限為八個小時以內。Scrum 團隊在該事件中檢視當下認為最具價值的產品待辦清單，並依照該預測來設定衝刺目標，以及對應的初始衝刺待辦清單。

衝刺回顧（Sprint Retrospective）

象徵衝刺即將結束的事件，時限為三個小時以內。Scrum 團隊在該事件中檢視即將結束的衝刺，並建立下一個衝刺的工作方式。

衝刺審查（Sprint Review）

象徵衝刺開發即將結束的事件，時限為四個小時以內。Scrum 團隊與利害關係人在該事件中檢視增量、整體進度和策略變更，以方便產品負責人更新產品待辦清單。

利害關係人（stakeholder）

Scrum 團隊外部的人員，對產品具有特定的興趣，或擁有產品進一步發展所需的知識。

時限（time-box）

最長時間限制的容器，可能是固定的時間。*在 Scrum 中，除了衝刺本身為固定時間之外，所有事件均具有最長時限*。

開發速度（velocity）

由特定團隊（組成）在衝刺期間，將產品待辦清單轉變成可發佈產品增量的平均數量。速度是一種常見指標，有助於團隊預測衝刺。

索引

關於編輯者

Gunther Verheyen

Gunther Verheyen 是 Scrum 的長期實踐者（自 2003 年起）。在擔任顧問許久之後，他與 Scrum 的共同創始人兼 Scrum.org 的專業 Scrum（Professional Scrum）系列總監（2013-2016）Ken Schwaber 合作。如今，Gunther 作為獨立的 Scrum 看守者與人們和組織互動。

Gunther 於 1992 年獲得安特衛普大學電子工程學士學位後，便開始了資訊科技和軟體開發的工作。他的敏捷之旅始於 2003 年的極限程式設計和 Scrum；隨後多年他專注於敏捷，不斷累積在各種環境下運用 Scrum 的經驗。在 2010 年，Gunther 成為了一些大型企業轉型背後的推動力量。在 2011 年，他成為了一名專業 Scrum 培訓師。

Gunther 於 2013 年離開諮詢公司，創立了 Ullizee-Inc，並與 Ken Schwaber 獨家合作。他在歐洲代表 Ken 和其組織 Scrum.org 主持了「專業 Scrum」系列，並為 Scrum.org 的專業 Scrum 培訓師全球網路提供指導。Gunther 是敏捷性之路（Agility Path）、循證管理（Evidence-Based Management，EBM）和大規模專業 Scrum 的 Nexus 框架（Nexus framework for Scaled Professional Scrum）之共同創立者。

自 2016 年以來，Gunther 作為一名獨立的 Scrum 看守者（連結者、作家和演講者），持續致力於使工作環境人性化。他的服務根基於 15 年以上對 Scrum 的經驗、思想、信念和觀察。

Gunther 是《Scrum 袖珍指南》（*Scrum – A Pocket Guide*，2013、2019 年 Van Haren Publishing 出版）的作者。Ken Schwaber 對 Gunther 的這本書讚譽有加，稱呼此書為「……目前對 Scrum 的最佳描述」且「非常出色」。Gunther 的著作現已被翻譯成多種語言。

不須為了 Scrum 或使工作環境人性化而奔波時，Gunther 會待在比利時的安特衛普生活和工作。

Scrum 實踐者應該知道的 97 件事｜來自專家的集體智慧

作　　者：Gunther Verheyen
譯　　者：Niz Kuo
企劃編輯：蔡彤孟
文字編輯：王雅雯
設計裝幀：陶相騰
發 行 人：廖文良

發 行 所：碁峰資訊股份有限公司
地　　址：台北市南港區三重路 66 號 7 樓之 6
電　　話：(02)2788-2408
傳　　真：(02)8192-4433
網　　站：www.gotop.com.tw
書　　號：A652
版　　次：2020 年 12 月初版
建議售價：NT$450

國家圖書館出版品預行編目資料

Scrum 實踐者應該知道的 97 件事：來自專家的集體智慧
/ Gunther Verheyen 原著；Niz Kuo 譯. -- 初版. -- 臺
北市：碁峰資訊，2020.12
　　面；　　公分
　　譯自：97 Things Every Scrum Practitioner Should Know
　　ISBN 978-986-502-687-5(平裝)
　　1.專案管理 2.軟體研發 3.電腦程式設計
494　　　　　　　　　　　　　　　　109019622

讀者服務

● 感謝您購買碁峰圖書，如果您
對本書的內容或表達上有不清
楚的地方或其他建議，請至碁
峰網站：「聯絡我們」\「圖書問
題」留下您所購買之書籍及問
題。(請註明購買書籍之書號及
書名，以及問題頁數，以便能
儘快為您處理)
http://www.gotop.com.tw

● 售後服務僅限書籍本身內容，
若是軟、硬體問題，請您直接
與軟體廠商聯絡。

● 若於購買書籍後發現有破損、
缺頁、裝訂錯誤之問題，請直
接將書寄回更換，並註明您的
姓名、連絡電話及地址，將有
專人與您連絡補寄商品。